QUELQUES RÉFLEXIONS

sur

L'INDUSTRIE

DE L'IMPRIMERIE DE COSSON, RUE GARENCIÈRE, N° 5.

QUELQUES
RÉFLEXIONS
SUR L'INDUSTRIE

EN GÉNÉRAL,

A L'OCCASION DE L'EXPOSITION DES PRODUITS DE L'INDUSTRIE FRANÇAISE EN 1819.

Par M le Comte de C***. (Chaptal)*

Opinionum commenta delet dies.
Naturæ judicia confirmat....

A PARIS,

Chez Corréard, Libraire, Palai-Royal, Galerie de Bois, N° 258, au Naufragé de la *Méduse.*

1819.

DÉDICACE.

Curioso rerum cognoscere causas,
vel
Cupido in perspiciendâ rerum naturâ.

INTRODUCTION.

AVEC ce siècle une ère nouvelle a commencé, et c'est en vain que cette proposition, établie par les faits à l'avantage du grand nombre, est contestée en principe par l'ignorance ou la mauvaise foi : il est quelques individus qui, ne sachant pas se faire des intérêts nouveaux et analogues, tentent vainement de ressaisir ce qui est déjà loin derrière eux, et tout à fait inconnu à la génération actuelle.

Le temps est un grand novateur : pourquoi donc ne pas apporter dans nos mœurs et dans nos institutions les modifications dont sa constante marche amène le besoin ? Les innovations passeraient avec lui par tant de nuances qu'elles échapperaient à l'observation au lieu de peser sur nous; car, ainsi que l'a dit Bacon, *morosa morum retentio res turbulenta est, œquœ ac novitas.*

« Plus nous examinons le mouvement premier ou général des choses de ce monde à la manière de l'illustre autorité que nous venons de citer, c'est à dire en s'attachant à l'*interiora rerum*, plus nous sommes amenés à reconnaître que les lois constantes de l'univers n'ont pu émaner que d'une volonté complétée par la puissance de l'exécution, et ne sont point confiées au hasard, aveugle dieu des aveugles. »

Le développement des événemens par le temps change le rapport des causes aux résultats : de ce qu'une chose s'est faite depuis le premier âge connu jusqu'à nos jours s'ensuit-il qu'elle doive toujours se faire ? Il faut au contraire admettre, par une conséquence de ce que nous voyons, que la végétation de l'espèce entière se perd comme la végétation de cette espèce en particulier, et dès lors, sans se jeter dans le calcul de l'époque de la vie générale à laquelle notre siècle appartient, se dire que si le lait, qui convient aux premières années de l'enfance de l'homme, par la suite cesse de lui suffire, l'enfance du monde ou toute autre de ces époques cessant, nous devons lui voir aussi adopter d'autres règles que celles qui l'ont régi jusqu'alors.

Poursuivant toujours notre comparaison du général au particulier, ou de l'espèce à l'individu, nous découvrons de nouveaux rapprochemens qui rendent notre raisonnement plus concluant. Par exemple nous voyons, pour l'enfance de l'homme comme pour celle du monde, le premier et principal moteur être tout ce qui intéresse la conservation; à la seconde époque, c'est à dire dans l'adolescence de l'individu et dans celle du monde, ce moteur devenir le besoin d'exercer ses forces et de les répandre au dehors; aussi depuis cette seconde époque du monde s'y est-on fait la guerre.

Ne toucherions-nous pas aujourd'hui à cet instant de la maturité, qui dans l'âge viril donne cette prévoyance de l'avenir excitée par le sentiment du passé, et le régime industriel ne semble-t-il pas s'annoncer comme le moteur général appelé par le vœu des nations à remplacer celui des exercices violens? N'est-il pas attendu comme le plus capable de précéder autant que préparer le repos que les peuples doivent désirer pour leurs *vieux jours*, si le monde est destiné à en avoir?

Par une conséquence outrée de cette proposition n'admettons pas plus une dégradation antérieure que postérieure à notre âge, mais reconnaissons une succession naturelle des choses dans un ordre préétabli; n'exigeons rien de constant et d'immuable dans un monde fini et borné; comme il est une création, voyons-le soumis lui-même à des lois semblables à celles qui régissent les créations qu'il contient, et par conséquent à ce qui dérive du principe reconnu d'un *commencement*, d'une *existence*, d'une *fin*. Alors, sans vouloir prétendre à une palingénésie complète, secondons seulement les effets qui nous sont apportés et rendus nécessaires par la succession des siècles. N'est-il pas temps que le système de guerre cesse! Faudrait-il donc admettre

ce que disait à un Anglais le roi de Dahomy (1) : « Dieu a fait ce monde pour la
guerre; tous les royaumes grands et petits
l'ont pratiquée dans tous les temps, quoique sur des principes différens, etc. » Effectivement voyons-nous depuis les temps
consignés qu'elle a presque toujours eu
lieu, et que l'année 1699 fut la seule époque
où il n'y eut de guerre nulle part, non seulement en Europe, mais dans tout le monde
connu. On s'est convaincu que par la guerre
on n'établit rien ; qu'au contraire la paix
seule peut permettre la mise en action des
théories dues aux progrès des lumières et à
une expérience que les malheurs de l'humanité jusqu'à ce jour n'auront pas fait
acheter trop cher si elle sait en profiter pour
se constituer réellement en paix.

(2) « Parmi tant de gens qui de nos jours

---

(1) The history of Dahomy, by Archibald Dalzei Bi-
blioth. Brit. maj. 1796.

(2) Extraits d'un des ouvrages du même auteur, que
les entraves précédemment apportées à la liberté de la
presse ont empêché de circuler en France.

(Note de l'Éditeur.)

dissertent à tort et à travers sur les intérêts des peuples, combien il en est peu de capables de répondre à cette simple question : QU'EST-CE QUE LA PAIX ?

» Suivant la plupart des publicistes elle est *une transaction entre des puissances qui étaient en guerre, pour la terminer et en abolir le sujet à perpétuité.*

» Bien que toutes les parties de cette définition ne soient pas admissibles, elles sont remarquables et essentielles.

» S'il n'y a pas de transaction, qu'il y ait seulement cessation d'hostilités, c'est une simple suspension d'armes; ce n'est pas la paix : *si la transaction ne se passe pas entre les mêmes puissances qui s'étaient déclaré la guerre,* leur déclaration n'est pas révoquée; ce n'est pas la paix : si la durée de l'accord est limitée, s'il ne peut être considéré comme perpétuel, ce n'est qu'une trêve; ce n'est pas la paix : enfin si le sujet de la guerre subsiste son terme n'est pas arrivé, et ce n'est pas la paix. Or, au cas présent, il manque à la paix générale dont on nous flatte plusieurs des caractères d'une paix véritable.

» Pour bien définir ce qu'est la paix il faut d'abord connaître ce qu'est la guerre. Après avoir exprimé ce que l'une et l'autre ont été, et ce qu'elles seront encore une fois peut-être, nous nous permettrons d'annoncer ce qu'elles devront selon toute apparence devenir par la suite.

» Les premières guerres furent le résultat des migrations des peuples, qui, n'étant pas encore fixés, se tenaient à l'état des animaux transhumens; comme eux, ne sachant que consommer sans produire, ils étaient obligés de changer de territoire après l'avoir épuisé: c'était la conséquence des habitudes nomades. La guerre en second lieu eut pour motif les conquêtes, vinrent ensuite les guerres de religion, puis les guerres d'ambition, et en dernier lieu les guerres de rivalité ou de commerce.

» Dans la variété de ces occasions de guerre on doit reconnaître les causes de l'instabilité de la paix jusqu'à nos jours, car celle-ci pour être véritable doit être le résultat de l'extinction de son motif. Pour que la paix générale, dont on se promettait tant de fruits et qui en apporta si peu, méritât le titre de paix, il eût fallu que le traité n'eût été qu'une transaction de commerce, un pacte de douane fait à l'amiable, et une délimitation maritime tracée en conscience pour assigner à chaque état des points d'exportation à sa convenance, et en raison de ses productions ou de ses besoins. »

De quelque point d'équilibre que partent les sociétés humaines, le mouvement continu quoique inaperçu qui en constitue la vie finit par déranger cet équilibre approché, et par suite du temps à tel point que tout est près d'être d'un côté et rien de l'autre; ce qui arrêterait le mouvement et occasionnerait la mort : tant que son heure n'est point venue, et jusqu'à ce moment inclusivement, lorsque ce dérangement est à l'extrême, il y a tendance au rétablissement de l'équilibre approché, auquel seul il nous est donné d'atteindre, et c'est lorsque cette nécessité se fait sentir qu'arrivent ces crises morales qu'on appelle révolutions; révolutions que les esprits vulgaires attribuent si vaguement à tel ou tel effet aux dépens des vraies causes, qu'ils ne savent reconnaître; révolutions qui ne sont telles que parce que le pouvoir, soutenu par la richesse et conseillé par des intérêts spéciaux mal entendus, veut résister à la nature des choses, dont le cours serait repris sans secousses si ce pouvoir savait s'élever aux grandes considérations qui lui en font le devoir.

De même qu'on s'est généralement abusé sur les effets des derniers traités parce qu'on a méconnu les seules vraies bases de la paix, de même aussi l'on court risque de se tromper sur les effets de la première guerre qui pourrait avoir lieu.

Le droit de paix et de guerre, sur lequel on a tant écrit, tant discuté, afin de savoir seulement à quelle branche du pouvoir on l'attribuerait, ne peut plus résider aujourd'hui chez les peuples civilisés que dans la force même des choses, qui fera sentir la nécessité de décider la paix ou la guerre.

Bien que les motifs de paix soient ci-dessus suffisamment indiqués, qu'ils soient généralement assez sentis par le plus grand nombre, qui a trop contribué à l'action pour n'avoir pas un pressant besoin de repos, nous étaierons ces motifs de ceux qui mettent les gouvernans de l'Europe dans l'impossibilité de faire la guerre.

1°. Ils n'en ont pas le droit, prenant cette expression dans l'acception que nous lui avons donnée, puisque ce serait aller contre les lois imprescriptibles de la nature, qui veut qu'itérativement à l'action succède le repos, 2° Quand ils tenteraient de faire encore prévaloir une fausse ambition sur leurs plus vrais intérêts, et la violence sur la nécessité, ils ne tarderaient pas à éprouver que rien ne peut désarmer celle-ci : qu'ils se persuadent, plutôt que d'en faire l'épreuve, qu'ils ne seraient plus soutenus maintenant par les peuples commis à leurs soins, et que ceux-ci, éclairés par une rude expérience, ne se souleveront plus les uns contre les autres pour des intérêts qu'ils reconnaissent non seulement leur être étrangers, mais encore leur être préjudiciables; ils ne peuvent plus être séduits par les promesses qu'on leur fit au moment d'un danger imaginaire, et qu'on éluda quand la crise fut passée. Donc toute guerre entreprise désormais dans la vue de faire diversion aux besoins actuels des sociétés du monde civilisé ne pourra plus être qu'un duel entre les commis aux pouvoirs, faisant usage pour armes de quelques *soldats forcés*, *pressés* ou *ramassés* dans les refuges du crime.

Une autre guerre peut être encore possible, et, quel qu'en fût le résultat, il serait vraisemblablement définitif; c'est celle que la misère ou le désespoir des peuples pourrait les porter à faire à ceux qu'ils considèrent d'autant plus comme la cause de leurs malheurs qu'ils avaient placé leurs espérances en eux, et que dans cette vue ils leur ont fait de grands sacrifices.

On ne peut sans effroi se représenter tout ce qui accompagnerait un tel engagement !... Reportant la pensée à ce qui en serait l'inévitable conséquence (ou le néant pour la civilisation dans les lieux où elle est maintenant établie, ou une véritable paix), pourquoi ne pas éviter les chances de cette alternative en adoptant maintenant le dernier terme, d'après les seules bases qui puissent définitivement le constituer?

A aucune époque les circonstances ne furent plus favorables à l'établissement de la paix; elle régnerait longtemps parmi des hommes chez qui les lumières ont pénétré; n'étant pas sans cesse troublés dans leurs droits, ils seraient dirigés naturellement vers l'intérêt de communauté, qui n'existe que lorsqu'il est soumis à la règle impassible des lois, au lieu d'être confié aux volontés changeantes des chefs d'état! Les hommes civilisés n'ont aucun motif naturel de se faire la guerre; ils ne la verraient plus né-

cessaire que pour la défense de leurs droits,
et celui-là est toujours le plus fort qui défend
ses droits contre qui les attaque. Il serait
d'ailleurs naturel d'espérer que les hommes
en qui résiderait un pouvoir réglé par les
lois, n'ayant plus à agir d'après eux seuls
pour tous, mais d'après tous et en suivant
la loi commune, le monde goûterait enfin
ce repos général qui seul lui permettrait
d'atteindre le degré de bien-être assigné à
notre globe parmi tous ceux de la création;
et les hommes et les peuples s'avanceraient
plus rapidement vers la destination qui leur
a été accordée par le Créateur. On ne saurait trop se hâter de prendre les moyens
d'arriver à cette fin, moyens si positivement
indiqués par la tendance de tous les esprits;
car quand un juste mécontentement n'a
pour perspective que l'avenir, on court
risque de voir ce domaine ruiné par le
désespoir.

Toujours partant de cette tendance des
esprits vers le régime industriel, et le con-
sidérant comme le moteur premier qui

s'annonce devoir désormais régler les intérêts de ce monde, nous divisons en trois
parties ce succinct aperçu sur l'industrie,
afin de nous mettre à la portée d'un plus
grand nombre de lecteurs, en présentant à
leurs méditations cet important sujet sous
ces trois aspects; savoir :

1° De l'industrie en elle-même;

2° De l'industrie dans ses rapports;

3° De l'industrie comme mobile actuel
de la politique.

QUELQUES RÉFLEXIONS

L'INDUSTRIE.

PREMIÈRE SECTION.

De l'Industrie en elle-même.

DUMARSAIS, en disant que l'INDUSTRIE est *l'expérience appliquée aux besoins de l'homme*, en a donné la plus juste définition. L'industrie est une des trois choses qui constituent cette espèce de trinité qu'on entend par le mot *commerce*, pris dans le sens générique; c'est à dire lorsque l'on comprend par ce mot *l'industrie*, qui produit, *le négoce*, qui échange et trafique, *la banque*, qui crédite et réalise. On sentira aisément que, le mot *commerce* étant souvent pris aussi dans un sens particulier, il eût été plus exact d'adopter pour expression générique de cette trinité le terme *industrie*, puisqu'il s'appliquerait également à chacune de ces choses en particulier, comme à toutes les trois en général. Effectivement, le négoce et la banque sont des industries tout aussi bien que l'agriculture, qui donne les matières premières, et que la fabrication, qui les transforme, tandis que le commerce ne peut exprimer ni la production ni la fabrication. Nous ne prétendons point changer l'acception accordée jusqu'à ce jour à ces expressions, mais par cette explication empêcher ici les effets si ordinaires de l'abus qu'on en a fait, et qu'on en pourrait faire.

L'industrie, née avec l'homme pour être la compagne indispensable et le soutien de sa vie relative, a dû nécessairement se mesurer, pour l'extension à prendre, sur les relations soit de l'homme dans l'état sauvage, soit des individus réunis en société, soit des sociétés entre elle. Cette puissance, accordée à chacun de nous en portions inégales, et dont le besoin seul fut le premier régulateur, s'est tellement étendue avec les relations des peuples, qu'elle a pris rang parmi les intérêts premiers qui ont gouverné secondairement ce monde pendant une certaine période; enfin, par une conséquence aussi heureuse que naturelle de la civilisation, l'industrie s'est élevée au premier rang de ces intérêts, au point qu'elle n'a déjà plus à redouter de leur part les entraves que trop longtemps des intérêts opposés apportèrent à son essor : cet essor doit nécessairement substituer les créations aux destructions, les relations aux préventions entre les peuples, l'émulation aux haines nationales, l'exercice des droits à leur violation, enfin la paix à la guerre.

L'époque de l'avénement d'une puissance aussi générale et aussi positive pour le monde a pu être hâtée par la résistance même apportée à son introduction. Comme rien ne vient fortuitement sur cette terre, qu'au contraire tout s'y introduit doucement et s'y étend par une gradation progressive, sceau irréfragable de sa destination bornée, l'industrie ne pouvait avoir acquis son développement sur un point du globe sans que tous les autres points situés à la même *latitude morale* participassent à ce bien-être. Tous les peuples indistinctement sont aux droits communs pour la jouissance des bienfaits de l'auteur de la nature : nous en avons chaque jour la preuve par ce qui se passe même dans l'ordre matériel de la création; il n'est pas plus possible aux habitans qui journellement sont les premiers à jouir des rayons de l'astre qui éclaire le monde de retenir pour eux seuls les effets de la lumière et de la chaleur qui en résultent, qu'il ne l'était aux Anglais de détenir à leur avantage exclusif l'essor de l'industrie et les bienfaits des institutions sociales qui en font la garantie. Ils auraient pu néanmoins en intercepter encore quelque temps la communication si la Providence n'avait suscité un de ces êtres extraordinaires dont les qualités mêmes font ressortir les défauts aux yeux du vulgaire, qui, ne pouvant discerner ce qui les distingue, n'aperçoit que ce qui leur manque. S'ils n'étaient les organes d'une *force occulte*, sait-on où pourrait s'arrêter l'élan de ces génies supérieurs qui, loin de ployer sous les événemens et de les compter pour quelque chose, ne voient en eux que les accidens ordinaires de la vie, et les traversent avec cet insouciant dédain du voyageur uniquement occupé du but de sa course! Ces êtres privilégiés, que la nature place sur les bords des siècles pour nous montrer jusqu'où peut s'élever notre faiblesse, de même que ces lointains signaux qui sur les hauteurs peu fréquentées appellent l'audace du petit nombre, semblent destinés à indiquer et imprimer une nouvelle direction à notre espèce. Ainsi que ces météores brillans qu'on aperçoit de temps à autre au firmament, quand ils apparaissent *siluit terra in conspectu illorum ;* mais ils ne sont pas plus tôt évanouis que l'ignorance leur attribue tous les maux qui les ont précédés ou suivis.

Napoléon, dont le génie commence à être aussi incontesté qu'il est incontestable, se trouvant chargé des intérêts de l'Europe, et les discernant très-

bien, a dû naturellement chercher à les faire prévaloir sur l'égoïsme odieux du gouvernement britannique (1).

A son avénement au pouvoir il voulut la paix :
Pitt en la refusant a fait une grande faute dans
son propre système, car ce refus a produit l'effet
contraire à celui qu'il en attendait. Il a étendu plus
rapidement l'empire de la révolution dans toute
l'Europe ; empire qui atteindra infailliblement l'Angleterre si son gouvernement ne veut pas réformer
lui-même le système anti-social au joug duquel
l'Europe va se soustraire. Nous sommes appuyés
pour cette proposition par un des auteurs anglais
qui fait le plus autorité, et qui a dit : « Un peuple
en possession d'un grand commerce paraît à la
première inspection pouvoir acquérir et attirer à
lui seul les richesses du monde entier ; mais tout

---

(1) César tendait à un mauvais but par d'excellens
moyens ; Napoléon au contraire marchait à un excel-
lent but par de mauvaises voies. Son erreur à cet égard
a été tellement systématique qu'il y a persisté à son retour
de l'île d'Elbe, qui cependant lui offrait une belle occasion de réparer son erreur, s'il eût été capable de la reconnaître ; car à cette époque, en le comparant à ses
antagonistes, il semblait le feu aux prises avec la matière.

dans les affaires humaines dépend heureusement d'une concurrence de causes propres à arrêter l'accroissement du commerce et des richesses d'une nation, et à les partager successivement entre tous les peuples. »

Dans la faute de son adversaire l'homme habile saisit une ressource; aussi Napoléon, ne pouvant plus espérer de traiter des intérêts européens à l'amiable avec Pitt, dut conséquemment chercher les moyens de neutraliser les effets d'un monopole qu'il n'avait pas la possibilité d'attaquer directement : c'est ce qui lui suggéra l'idée du *blocus continental*; inspiration heureuse qui ne fut guère comprise alors que par les négocians, et contre laquelle les esprits les plus prévenus ne peuvent s'élever maintenant, qu'à la théorie a succédé l'effet le plus positif.

Ayant trop de lumières et trop d'expérience du pouvoir pour croire qu'il lui suffisait de décréter ou d'ordonner les choses pour les créer, il n'a point rendu de décret pour exciter, pour aviver l'industrie ; il en a seulement fait naître le besoin, la nécessité, qui en sont les sources directes : il n'a point attaqué en face son ennemi puisqu'il n'avait point d'armes égales; mais en le tournant il est parvenu à lui porter le coup mortel dont il ne peut réchapper. Personne aujourd'hui ne révoque en

doute que si Napoléon s'était montré plus scrupu-
leux observateur de son système, et n'y avait point
dérogé par des licences accordées au grand scan-
dale de ses alliés et au juste mécontentement des
commerçans, l'Europe se fût trouvée dès 1813
affranchie de la tyrannie de l'Angleterre, et nous
jouirions déjà pleinement du bénéfice de cette libération.

Par l'établissement du blocus continental les
habitans de la majeure partie de l'Europe se sont
trouvés inopinément privés de la plupart des objets
dont l'*indispensabilité* avait été consacrée par une
longue et journalière habitude, et comme on n'attendait pas de cette mesure un si prompt effet, ils
se sont naturellement tous mis à fabriquer suivant
les localités et les facilités qu'elles leur présentaient,
afin de remplacer ce qui leur manquait, ou tout
au moins d'y suppléer.

Rien de tout ce qui existe ne peut rester à l'état
stationnaire; le mouvement des sociétés est ascen-
dant, et ne peut être contraire, à moins de ma-
ladie dans le corps social; il peut arriver même, au
général comme au particulier, qu'il faille courir
dans la vie sous peine de la perdre; aussi par suite
de cette tendance a-t-on fabriqué au delà de ce
qu'on recevait jadis, et enfin tellement au delà
de la consommation possible aux territoires, que

le besoin d'exportation se fait déjà ressentir impérieusement (1).

C'est en partant de ces données générales sur l'état dans lequel se présente la question que nous l'examinerons d'abord abstractivement. La première industrie est sans contredit celle qui a pour objet de multiplier, d'étendre et d'améliorer les productions de la terre; mais si ce genre d'industrie est le seul auquel se livre une nation, quel que soit l'excédant de ses produits sur ses besoins, elle reste pauvre, ainsi que le fut toujours la Pologne, quoiqu'elle exportât annuellement pour douze millions de blés.

Se réglant par les besoins, ne s'étant étendue

---

(1) Par exemple la Suisse, qui fabriquait peu ou point, pourrait subvenir aux besoins de toute l'Allemagne par ses produits; la Saxe, qui ne faisait que de faibles exportations, peut aujourd'hui alimenter le nord; la France, qui avait de la peine à balancer ses importations par ses précieuses exportations, peut maintenant entretenir toute l'Europe; et c'est dans cet état de choses que l'Angleterre a non seulement ce qui serait nécessaire au monde entier, mais le besoin absolu de le fournir. Ce n'est pas simplement à l'intérieur que se fait remarquer l'engorgement de ses *manufacturations*, mais c'est aussi sur tous les coins de la terre où elle les dépose avec l'activité qu'on met toujours à se débarrasser d'une superfétation incommode.

qu'en raison des progrès des sociétés, l'industrie
première put rester quelque temps bornée à la ré-
colte des productions spontanées des trois règnes
de la nature, et à leur emploi simple pour satis-
faire aux plus indispensables nécessités de la vie;
mais comme le sol est le guide des hommes qui
le cultivent, l'intermittence de ses productions
leur apprit promptement qu'ils ne pouvaient borner
leur prévoyance aux besoins du moment. C'est
ainsi que l'industrie, sentinelle avancée, préposée
à la conservation de tout ce qui respire, par l'effet
des progrès des lumières et de la civilisation, s'est
étendue de ce qui est indispensable à ce qui est
de luxe.

Examinons à cette occasion la hiérarchie des
voies par lesquelles la nature procède à l'exécution
de ses desseins. Le besoin avertit l'homme de la
nécessité du mouvement; l'industrie le dirige; la
force isolée d'un seul est si peu de chose qu'il se
sent instinctivement porté à s'unir à d'autres: de là
vient la corrélation de la société et de l'industrie,
et leur action réciproque. Chaque branche particulière d'un travail qui a pour objet un ensemble
quelconque exige trop de peine et prend trop de
temps à chacun: de là la division du travail, qui le
rend plus facile et avance son perfectionnement.
Ce que fait l'un n'étant pas exécuté par un autre,

cela nécessite les échanges ; pour les faciliter il faut des commissionnaires qui transportent ces objets, des lieux de dépôt pour les recevoir, un signe représentatif de leur valeur : de là des négocians, des marchands, du numéraire, ou le signe représentatif de celui-ci : des *papiers de crédit réalisables en espèces à volonté*; de là la Banque. Dès lors plus d'activité dans les relations, plus d'aisance et par conséquent de population; nécessité pour cette population augmentée de s'étendre et de multiplier les effets de son activité. Cette dispersion des individus de la société à de plus grandes distances réclame le besoin d'un signe représentatif de la pensée, et l'écriture se forme. Par la suite ce moyen de fixer la pensée devient trop lent pour en multiplier l'expression en la répandant à la fois dans mille lieux divers; et l'Imprimerie apparaît, pour permettre à l'esprit humain tout l'essor dont il est susceptible!

Ce qui s'est d'abord effectué parmi les individus d'une même société a eu lieu ensuite entre les diverses sociétés civilisées, au nombre desquelles la nation française est encore sous ce rapport aux premiers rangs. Si l'on continuait à ne vouloir entendre par industrie que ce qui constitue les triomphes de l'art sur la nature, les habitans de la contrée la plus stérile, la plus bornée, seraient conséquemment toujours les plus industrieux; et les Hollandais, les Anglais, les Vénitiens devraient encore être mis en première ligne. Nous distinguerons donc ici ce qui constitue le besoin de l'industrie de l'industrie elle-même : nul doute qu'elle a dû recevoir ses plus grands développemens aux lieux où elle avait le plus d'obstacles à vaincre pour y entretenir la population, et c'est ce qui explique pourquoi les sites les plus ingrats ont été pendant quelque temps les plus riches, et si surchargés de population qu'en quelques endroits, tels qu'à Venise, sur le Littoral, etc., la terre semble ne pas suffire pour contenir ses habitans. Mais du moment que les heureux effets d'une active industrie y ont été reconnus et signalés, les peuples les plus favorisés par la nature de leur sol, de leur climat et de leur situation géographique, ceux qui ont eu à cœur de ne pas rester en arrière ont dû ajouter à ces premiers moyens naturels de prospérité les avantages résultans d'une industrie laborieuse; et c'est sous ce rapport que depuis le commencement du siècle la France s'est avancée au point de pouvoir entrer en concurrence avec les autres nations.

En procédant ici à l'examen des objets sur lesquels son industrie s'exerce avec succès, et de ceux sur lesquels elle a de nouveaux efforts à tenter, nous mettrons toute la bonne foi propre à faire taire un

vain amour-propre qui, en nous rendant contens
de ce que nous sommes, nous ferait négliger ce
que nous pouvons devenir, et empêcher qu'on
n'appliquât à notre zèle industriel ce qui fut dit
de l'activité de César : *nil actum credens, cum
quid superesset agendum.* Nous espérons que
nous ne nous écarterons pas ici de ce qui doit guider
l'observateur impartial, et qu'en garde également
contre la surprise et la partialité, il nous aura été
donné de voir les objets tels qu'ils sont, car l'éton-
nement les grossit, le préjugé les diminue, et l'em-
pressement excessif les défigure.

Notre industrie agricole a acquis singulièrement
par une plus grande division de propriétés; par le
respect que l'abolition des droits de chasse et de
pêche rendit à la propriété; par moins de supers-
tition et d'ignorance dans les campagnes; par plus
d'ouvrages théoriques sur l'agriculture, et plus
d'expérience dans l'art d'élever les bestiaux, etc. Les
desséchemens, les défrichemens et les prairies ar-
tificielles ont rendu à la culture une immense quantité de terrain; l'assolement a remplacé les jachères;
les instrumens aratoires ont été perfectionnés (1).

---

(1) A l'exception des charettes, qui partout sont trop
matériellement et trop peu soigneusement faites. Il est
honteux de voir encore conserver même pour nos roues

Ces notables améliorations seraient plus remarquables encore si elles se fussent étendues partout;
il est plusieurs cantons tellement en retards sous ce
rapport comme sous beaucoup d'autres, qu'on
serait tenté de croire en les voyant qu'ils ne font
pas partie du même état, ou du moins qu'ils n'y
sont pas aux mêmes droits, ni soumis au même
régime (1).

Il y a eu beaucoup de plantations d'arbres; mais
cela ne compense nullement l'oubli de l'aménage-
ment des forêts, qui semble être absolu, même
pour cell. de l'Etat.

Le nombre des troupeaux mérinos, le croise-
ment de cette race avec celles des divers cantons
ont déjà produit une amélioration sensible dans
les laines.

Pourquoi, après une telle expérience, ne pas
l'appliquer aux races de chevaux ? Nous n'en avons
pas assez, surtout de races choisies, et nous de-

---

de voitures ces longs et embarrassans moyeux, qui, en
nécessitant plus de portée à l'essieu, font qu'il doit être
plus fort, et occasionne plus de tirage.

(1) La société politique se compose de plusieurs sociétés
particulières : les familles, réunies sous le rapport de la
communauté d'origine, constituent ce qu'on appelle nation; et, sous le rapport de la communauté des lois, ce
qu'on appelle état.

vrions être affranchis d'une importation si coû-
teuse.

Le régime des gens de la campagne s'est amé-
lioré tant par la vaccine, qui sauve un grand
nombre d'enfans, que par les secours multipliés de
la médecine et de la chirurgie. Mais il est encore
honteux pour nous de voir dans la plupart de nos
départemens, notamment dans ceux où le système
de grande culture n'est pas établi, les gens de la
campagne s'y nourrir, s'y vêtir et s'y loger misé-
rablement. Pourquoi ce mauvais pain, noir, mal
fait, mal cuit et formé de substances si peu nour-
rissantes, sert-il presque exclusivement d'aliment
à ceux qui en raison de leurs rudes travaux devraient
jouir d'une nourriture plus substantielle et plus
abondante? Pourquoi ont-ils de si mauvais vête-
mens, si peu chauds et si peu commodes? Pourquoi leurs habitations sont-elles si rarement bien
situées et bien exposées? Pourquoi sont-elles si
peu aérées et presque toujours sur un sol plus bas
que celui environnant? Comment souffre-t-on
auprès d'elles ces fumiers, ces eaux stagnantes, etc.?
Comment ne pas étendre aux campagnes les réglemens de voirie qui ont si efficacement contribué
à rassainir nos villes les plus mal construites? On
ne verrait plus alors ces rues étranglées et bour-
beuses qui, en interrompant pour ainsi dire la belle

harmonie de nos routes, et en interceptant quelquefois la communication, semblent avertir le voyageur surpris qu'il approche des habitations de l'homme voué à la vie agricole!

La vigne nous fournit un de nos plus essentiels produits agricoles; aussi a-t-il fixé l'attention, mais bien plus celle du spéculateur que celle du cultivateur : celui-ci, obligé d'être presque toute l'année occupé à prodiguer des soins assidus à ce précieux plant, voit le territoire qu'il occupe frappé d'impôts qui ne sont pas en raison de ceux établis sur des terrains consacrés à une culture moins dispendieuse et de plus constans rapports; de sorte qu'il est contraint de chercher dans la quantité plutôt que dans la qualité les légers bénéfices qu'une bonne année doit lui apporter pour le dédommager de plusieurs années de sacrifices inutiles. Telles sont les causes qui privent cette plus importante branche de notre agriculture des développemens (1) dont elle est susceptible, et que ne compense point, ni pour le cultivateur ni pour le consommateur, l'application des découvertes chimiques aux vins et aux eaux de vie. En diminuant l'impôt qui pèse sur les vignobles, en modifiant les droits qui en sur-

_____

(1) Il est même divers pays vignobles où la culture a dû être totalement abandonnée.

taxent les produits , et en appliquant les conquêtes de la chimie à leur perfectionnement plutôt qu'à en *étendre* les quantités, la culture de la vigne atteindrait son dernier terme ; il y aurait une plus grande consommation à l'intérieur et plus d'exportations du moment que la supériorité constante de nos vins pourrait anéantir les concurrences que *partout à cet égard on tente d'établir.*

La culture des plantes oléagineuses, par le développement qu'elle a reçu, est pour ainsi dire une introduction nouvelle ; on ne saurait trop s'y livrer si, comme il est à désirer, on s'attache à retirer le gaz *light* de l'huile, au lieu de le chercher dans la houille (1).

---

(1) Le charbon de terre n'est point, comme les huiles à brûler, un combustible simple. On en retire du goudron, de la couperose, etc. ; de plus il est le combustible le meilleur pour les usines : il ne peut donc convenir de le convertir en gaz que là où son abondance permet d'en faire un tel usage ; au lieu que l'huile à brûler n'offre que cette seule propriété , et que nous sommes maîtres par la culture d'établir les quantités relatives à la consommation.

Ce serait une grande erreur de croire que le *cock*, ou le résidu du charbon fossile, duquel on a extrait le gaz, ou auquel on a fait subir toute autre opération, conserve les mêmes propriétés comme combustible. Dans cet état

La qualité supérieure de nos huiles d'olive, due principalement aux soins éclairés qu'on apporte à la fabrication, devrait encourager davantage cette précieuse branche d'industrie agricole. Il est estimable sans doute de ne vouloir pas rester en arrière des découvertes dont l'application ajoute aux jouissances de la vie et à la richesse du commerce; mais il vaudrait mieux renoncer à des objets pour lesquels nous ne serions qu'en concurrence que d'abandonner ou de négliger même ceux pour lesquels une supériorité marquée nous donne l'avantage de l'exclusif.

Les chanvres, les lins sont des produits d'une culture mieux connue que son importance n'est sentie. Si pour les chanvres nous fabriquions au delà de la consommation en cordes et cordages, et par des procédés mécaniques *qui seuls peuvent opérer la supériorité de fabrication en ce genre,* il n'est pas douteux qu'alors l'exportation de ces chanvres ainsi travaillés nous affranchirait bientôt de l'importation des chanvres bruts, qu'on tire encore du nord, surtout dans les momens de grande consommation. C'est ainsi que par une double

---

il peut encore servir dans nos cuisines, quoique avec moins d'avantage que le charbon de bois; mais il est absolument inutile pour les machines à vapeur.

2

réaction commerciale dont la dernière conséquence serait au profit de notre agriculture nous créerions un genre de plus au commerce extérieur , et parerions à l'inconvénient qu'il y a toujours pour les fabriques à s'approvisionner hors de l'État pour les matières premières.

Les lins , bien que mieux travaillés que les chanvres , recevraient encore de la fabrication des perfectionnemens qui en étendraient davantage la culture, laquelle réussit parfaitement en France.

Ce qui est dit ici à l'égard des chanvres et des lins aurait sa preuve dans ce qui concerne les soies, si la versatilité des réglemens à l'égard de celles-ci n'avait interverti la marche naturelle qui eût été la conséquence d'un système gradué d'introduction de matières premières , calculé sous le double rapport et de l'augmentation au sol et des exportations. Quant à la fabrication c'est un mouvement libre qui ne peut et ne doit être passible que des demandes intérieures et extérieures. Si pour les soies il en eût été ainsi nous serions aujourd'hui absolument affranchis de l'importation de la matière première , avantage dont nous sommes plus éloignés qu'à certaine époque antérieure : cet avantage eût été cependant d'autant plus à considérer que nous ne sommes point encore atteints pour les soieries , et que pour les cotonades , lors même que nous pourrions concourir, nous serons toujours tributaires pour la matière première; *il peut même arriver des circonstances où des rivaux se rendraient maîtres d'en élever le prix;* et en ce genre il est à propos de ne point encourager pendant la paix ce qui ne pourrait se soutenir pendant la guerre.

Bien persuadés qu'une source féconde d'erreurs dans tout exposé provient d'une inattention aux causesgénérales, laquelle n'est le plus souvent déterminée que par l'importance outrée apportée aux causes particulières. Nous ne descendrons point dans plus de détails sur ce qui peut établir la situation de notre industrie agricole (1). Nous nous bornerons à dire que quelque positifs et satisfaisans que soient les progrès de ce genre d'industrie ils ne sont point ce qu'ils devraient être, et ce qu'ils auraient été si plus de capitaux y eussent été consacrés. Cette première de toutes les industries est

_____

(1) « Un bon observateur abandonne l'étude des objets particuliers, dont il sait que le nombre est infini; il tourne les yeux de l'intelligence sur ce qui est général, sur ce qui comprend une grande étendue d'objets, et il apprend à voir et à reconnaître tout ce qui existe au moyen des idées générales. »

(*Trad. d'Harris, three treatises.*)

celle qui a le plus de peine à s'en procurer, et jusqu'à ce moment elle n'a trouvé de capitalistes en France que parmi quelques grands propriétaires qui ont eu le bon esprit de rendre à leur terre une partie de ce qu'ils en retiraient, et de penser que c'est la plus réelle spéculation : encore n'est-ce que depuis peu de temps que ce bon exemple a été donnés par de hommes plus remarquables qu'ils n'ont été remarqués, mais dont le mérite sera apprécié par la génération qui nous suit; elle saura mieux reconnaître ce qu'on doit au courage qu'ils déploient pour terrasser les préjugés par le seul moyen efficace, celui de montrer le succès des nouvelles méthodes en regard des déceptions annuelles de la routine, laquelle faisait admettre autrefois en principe « qu'un sage propriétaire devait garder toujours une année de son revenu en avance. » L'argent, de même que le fumier, ne porte avantage que par la dispersion : loin donc de garder ainsi des fonds oisifs, il est maintenant bien prouvé que le propriétaire foncier qui anticiperait une ou plusieurs années de ses revenus par des emprunts au taux légal pour en confier les recettes à de sages améliorations, ferait des bénéfices aussi considérables et moins chanceux qu'en peuvent faire les banquiers honnêtes qui ne forcent pas leur crédit. Mais où emprunter à un taux raisonnable, pourrait

dire cette masse de propriétaires, quand le gouvernement entre en lice de crédit avec les capitaux
de tous contre les capitaux de quelques uns ; quand
il a déjà tellement multiplié ses papiers qu'il a
presque l'exclusif du change ; quand, offrant de
grands et rapides bénéfices aux accepteurs de ses
effets, il est assuré d'en hériter en définitif, puisque la masse de ses capitaux, qui se composent
de toute la fortune publique, lui assure le monopole absolu de l'agiot ; quand le jeu de la bourse,
tout aventureux qu'il est, surtout avec un gouvernement en même temps joueur et croupier, peut
cependant rapporter plus qu'aucun autre travail ;
quand enfin est intercepté ce retour continuel des
richesses à ce qui les produit, à ce qui en constitue la vie, comme la circulation du sang constitue la nôtre, comment recouvrer quelques portions de ces signes de la richesse, qui permettent
seuls leur reproduction ? *A une véritable banque
des propriétaires*, répondrons-nous ; nous ne
comprenons sous cette dénomination aucune des
caisses territoriales dont les prospectus ont été
présentés jusqu'à ce jour, car tous nous ont sem-
blé, par les moyens d'exécution qu'ils offrent,
beaucoup plutôt justifier de l'intérêt de la banque
ou caisse que de l'intérêt pour la propriété.

En de telles matières surtout, rien ne peut sup-

pléer l'action lente, mais immuable du temps ; et
parce qu'on n'a pas en son pouvoir le remède propre
au mal ce n'est pas une raison d'attendre sans
aucuns secours préparatoires un moment qu'on peut
hâter en allant au devant par tous les moyens dis-
ponibles.

Au reste plus tôt il y aura surabondance exces-
sive de fonds affectés aux effets publics, plus tôt l'engorgement se fera sentir dans la circulation, et for-
cera les signes des valeurs (1) réelles à reprendre
le cours indispensable à leur reproduction. En at-
tendant que ces recommandables propriétaires
dont nous avons déjà parlé se pénètrent bien de
toute la puissance qu'il leur est donné d'exercer sur
leur époque, s'ils ne se départent point du plus beau
rôle qui puisse être accordé à un citoyen, qu'ils
reconnaissent que, possédant les valeurs réelles, le
signe, quel qu'il soit, leur reviendra toujours, et,
quelque lenteur qu'il y ait à ce retour, qu'ils doivent
l'attendre et ne pas se laisser séduire par l'envie
d'atteindre promptement ce qui ne peut leur échapper, et au risque de perdre ce qu'ils possédent.

_____

(1) Ces valeurs réelles, *les véritables mètres d'éva-*
luation, sont le blé et les plus essentiels produits agricoles.

Effectivement, quels hommes sensés pourraient s'exposer à aller jouer leur fortune avec leurs gens d'affaires? Comment pourraient-ils parier contre eux-mêmes? Ne doivent-ils pas avoir l'expérience que ceux qui ont soin de leur rucher ne peuvent en retirer totalement et à la fois le miel et la cire sans s'exposer à la perte des essaims? Que ces propriétaires, qui par leur position dans l'état actuel des choses sont appelés à être les maîtres de la nouvelle école politique, ne perdent pas de vue cette immense catégorie d'individus qui les suit; cette foule de petits propriétaires, leurs *satellites*, qu'ils entraîneront immanquablement dans la sphère de leur mouvement; que de fait ils forment ensemble la masse de la nation, comme ils la forment de droit au terme des institutions par lesquelles il faut espérer que nous serons bientôt complétement régis; qu'ils sachent contempler la hauteur de leur position afin de s'y tenir sans y paraître déplacés. Les êtres ordinaires, esclaves de tout, étourdis par le bruit, coudoyés par la foule, poussés par l'opinion, sans but, sans plan, sans force, marchent timidement entre la crainte et la honte, et, après une carrière péniblement fournie, arrivent à rien. C'est peu que de vouloir le bien en général et de le désirer avec ardeur; pour arriver à tel ou tel bien il faut y tendre, et c'est y viser que d'être prêt à opposer une vigoureuse résistance à ses contraires (1).

D'autres causes sont aussi venues entraver l'essor de l'industrie agricole. Le changement de régime pour les tabacs et les réglemens arbitraires qui s'en sont suivis ont porté un grand préjudice à cette importante culture dans les départemens où la terre est d'assez bonne qualité pour la permettre. Le retour le plus prochain à un régime libre pour les tabacs peut seul porter remède au tort que cause encore, au producteur comme au consommateur, un monopole qui n'est pas moins contraire à nos institutions qu'à notre commerce.

La continuelle variabilité des réglemens sur l'importation et l'exportation des blés ne s'est pas fait sentir moins contrairement à nos intérêts, et il n'y a que l'adoption d'une marche définitive qui puisse faire cesser tous les inconvéniens qui sont

---

(1) Pourquoi, au défaut d'une caisse territoriale générale, ne se formerait-il pas des associations départementales, ou même plus particulières encore, dans la vue de subvenir aux besoins des cultivateurs de la circonscription qui se présenteraient à cette caisse avec des cautions? Ce serait un moyen d'atténuer les malheureux effets de l'enlèvement des fonds à l'agriculture, et d'obvier à l'inconvénient que présentent les caisses générales, surtout à l'époque actuelle.

encore la conséquence de cette instabilité dans le régime de ce premier de tous les produits. Serions-nous donc maintenant en France moins avancés en matière d'économie politique que l'Italie au dix-huitième siècle, lorsque Bodini, de Sienne, lui fit sentir « qu'un pays n'était jamais plus près » de la disette que lorsque son gouvernement se » mêlait de l'approvisionnement du peuple. » Et pourrions-nous nous refuser à admettre que l'intérêt commercial est le meilleur guide en ces matières, qui, ainsi que les fluides, ont une tendance naturelle à reprendre leur niveau ? Pourrions-nous nous résigner à voir se reproduire encore le monopole, dont deux mauvaises récoltes consécutives furent dernièrement plutôt l'occasion que la cause ? Monopole odieux, si bien dévoilé par l'empereur Napoléon en son conseil d'état (1) lorsqu'au commencement de 1813 on tentait de l'introduire, et étouffé dans son principe par le décret rendu dans la même séance à Saint-Cloud.

Un bon code d'agriculture, si souvent réclamé, depuis si longtemps promis, et pour lequel un si grand nombre de matériaux amassés permettent une prochaine rédaction, ne devrait pas tarder à

---

(1) Procès-verbaux du conseil; carton F, folio 7, collection de M***.

paraître; il serait un des moyens les plus efficaces pour porter l'essor de l'industrie agricole au même point que les autres genres d'industrie.

Les progrès de la chimie et la direction de cette science vers son application aux arts ont été une source de créations, de perfectionnemens et de relations avec une quantité d'objets qui nous étaient jusqu'alors restés inconnus ou indifférens; de sorte que nous pouvons espérer qu'avant peu nous aurons une entière connaissance du mobilier matériel de notre monde. Il serait trop long et hors de propos d'entrer ici dans le détail des services rendus à toutes les branches d'industrie par la science chimique; nous nous résumerons à cet égard en reconnaissant qu'elle a été leur plus puissant auxiliaire, la première cause de leurs rapides progrès, et que nous acceptons pour garantie de ce qui lui reste à faire ce qu'elle a déjà fait.

L'exploitation des mines n'a point profité des progrès de la chimie et du développement de l'art de la mécanique autant qu'on eût pu l'espérer et qu'on doit le désirer. Un bon code des mines (1) fixant bien toutes ces questions de propriétés qui sont la source d'interminables procès est d'absolue nécessité : par ce moyen seul ce genre essentiel d'in-

_____

(1) Celui qui existe est presque entièrement à refaire.

dustrie doit être délivré de toutes les entraves sous
lesquelles il est tellement comprimé qu'on a lieu
de s'étonner qu'il ne soit pas resté plus en arrière.

Nous avons encore à nous affranchir de l'importation des fers tant bruts que fabriqués, et cela
dépend bien plus de ce qui concerne l'exploitation que de ce qui tient à la fabrication. Les fabricans ne sont pas tous concessionnaires ou propriétaires.

L'influence d'un tel code serait favorable aussi
à l'extraction du charbon fossile, dont la consommation s'étend et s'augmente chaque jour.

Nous entendons parfaitement la taille des mar-
bres et des pierres; il ne nous manque à cet égard
que l'application de meilleurs moyens mécaniques
pour leur extraction des carrières, leur déplace-
ment bruts, et leur pose ouvragés.

Nous avons la preuve qu'on sait tirer parti de nos
bois indigènes; notre affranchissement de l'étranger
à cet égard ne dépend donc plus que de la préférence à leur accorder. Pour faire violence à l'habitude ou à la mode, qui veulent des bois exotiques,
il suffirait d'employer des procédés mécaniques
pour le débitage des plus grosses pièces de nos
bois, ce qui permettrait de donner à moindre prix,
et détruirait la concurrence des bois étrangers,

qu'alors on pourrait frapper de droits plus considérables.

Toute autre espèce d'industrie que celles pré-
citées, s'exerçant même sur des productions spontanées du sol, n'existant pas au territoire, ou ne
s'y trouvant pas en assez grande quantité pour
permettre qu'on s'affranchisse de leur importation,
nous devons, conséquemment à la division adop-
tée pour notre travail, passer à la seconde section,
qui, traitant de l'industrie dans ses rapports, ren-
ferme naturellement ce qui est l'objet d'importations et d'exportations. Si dans notre première
il en a été nécessairement question, c'est une partie
preuve que le mot *trinité*, appliqué aux trois genres
primordiaux de l'industrie, peut seul exprimer
leur identité réelle, tout en admettant une division
préparatoire.

SECTION II.

De l'Industrie dans ses rapports.

Les rapports de l'industrie s'étendent à presque toutes les choses de ce monde, ont pour agens plus ou moins directs la plupart de ses habitans, et le temps approche où tous devront être agens, car *celui qui ne produira pas n'aura point de quoi consommer.*

A l'industrie qui recueille, étend et améliore les productions des trois règnes, succède naturellement l'industrie manufacturière et de fabrication, qui les emploie, en mettant pour ainsi dire à contribution toutes les connaissances humaines. De ces productions premières elle en forme de secondaires, variées à l'infini, que le négoce (troisième branche de l'industrie en général) transporte et répartit partout où il y a demande, quand toutefois il n'est pas entravé par des lois prohibitives.

Personne ne peut ignorer tout ce dont l'industrie manufacturière est redevable aux arts, principalement à ceux mécaniques, et c'est cependant lorsqu'on a sous les yeux les progrès qu'ils lui ont

déjà fait faire que des esprits bornés (1) mettent
non seulement en doute l'utilité des procédés mécaniques dans leur application aux fabrications,
mais encore y voient le danger *d'ôter de l'ouvrage
aux ouvriers*! Cette proposition ou d'autres de
même nature sont si souvent mises en avant, que,
bien que cela ne fasse plus question pour les esprits
éclairés, nous croyons devoir reproduire quelques-
uns des argumens qui ont déjà servi à la décider ;
nous ajouterons même quelques considérations
nouvelles sur la nécessité absolue de remplacer autant que possible les deux mains de l'ouvrier par
cette multitude de *bras*, de *mains* et de *pieds*
dont sont pourvues les machines, et qui, au dire de
Melon, multiplient d'autant le nombre des citoyens
et remplacent si avantageusement la main-d'œuvre.

Ces craintes, renouvelées des temps des découvertes de la charrue et de l'imprimerie, se sont re-
produites depuis à toutes les époques où il y a eu
application de procédés mécaniques soit pour remplacer la main de l'ouvrier, soit même pour l'ar-
mer de machines propres à multiplier les résultats
en épargnant sa peine. Il est cependant positif que

---

(1) Et il est dans le monde beaucoup plus de *myopes*
que de *presbytes.*

l'invention de l'imprimerie, tout en anéantissant les copistes, a plus occupé de travailleurs que n'eût jamais pu faire *la copie*. C'est l'effet ordinaire de l'extension que reçoit toute fabrication par un procédé qui, en augmentant les produits, permet de les multiplier et de les livrer à un moindre prix. La charrue, les instrumens aratoires, partout où ils ont été mis en usage, loin de diminuer le nombre des ouvriers occupés à la culture, en étendant celle-ci sur plus de terrein, ont au contraire fait employer plus de monde, et par suite augmenté la population. Sans aller en Angleterre puiser des témoignages de cet effet, voyons Tarrare, Saint-Quentin, beaucoup d'autres villes à métiers, et les territoires de haute culture; ils le confirment à nos yeux. Mais n'entrons point dans l'examen d'une question théoriquement ardue; voyons comment elle se résout par le fait.

Du moment qu'une fabrication quelconque s'opère par mécanique dans les états voisins ou en concurrence de commerce, si l'on ne veut pas renoncer à ce genre de fabrication, et devenir tributaire de l'étranger, on devra indispensablement adopter des mesures propres à abaisser le prix des objets manufacturés au niveau et même au dessous de celui auquel se livrent ailleurs les objets semblables. Les seuls moyens sont de se procurer non seulement les mêmes machines, mais encore de les multiplier, et de les perfectionner si l'on peut.

Le pays qui a la priorité de leur usage a de l'avance sur l'autre. Loin donc de se laisser prendre aux vaines déclamations que l'ignorance ou la mauvaise foi seule peut élever encore contre les métiers mécaniques ; loin donc de s'effrayer des préjugés qui combattent leur établissement, de la prévention qui les accueille, et des difficultés qui tentent de s'y opposer, considérons les mécaniques comme le seul moyen de conserver nos avantages nationaux et particuliers, et du moment qu'il faut combattre sous peine d'être vaincus, tâchons de remporter la victoire.

En outre des considérations ci-dessus, qui établissent si positivement la nécessité des procédés mécaniques en matière de fabrication, il en est d'autres que nous ne pouvons passer sous silence : 1° l'avantage de jouir de certains objets qui ne peuvent être obtenus que par des procédés mécaniques ; 2° la supériorité de travail que procure le mouvement pérystaltique d'un moteur continu, que la main de l'homme ne peut atteindre (1);

─────────

(1) Cela est si vrai que toute mécanique qu'on a tenté de substituer aux instrumens musicaux, quelque parfaite qu'elle soit, telle que la belle pièce de M. Maëlzel, appelée *Panharmonicon*, ne vaut rien pour cet objet, à cause

5° la force graduée et jusqu'à une extrême dont nous ne saurions approcher, et que nous ne pourrions composer sans leur secours, quoique le corps humain, pris en totalité ou en partie, soit le type primordial et la source de la mécanique plus que de tous les autres arts.

Nous ne pouvons à ce sujet omettre quelques observations sur la défectuosité du régime auquel est soumise la propriété la plus chère, celle de l'inventeur et de l'importateur. Cette défectuosité a été sentie par le digne représentant à qui il convient le mieux de proposer la révision des lois, arrêtés, décrets et instructions sur les brevets d'invention, de perfectionnement et d'importation, puisqu'à la qualité de grand propriétaire il joint celle de fabricant. Comme il est à désirer qu'on entre dans tous les développemens qui doivent forcer la prise en considération d'une proposition aussi intéressante qu'opportune, nous indiquerons les principales modifications que réclame cette importante matière, bien assurés, par la connaissance que nous avons de son caractère, qu'il ne pourra qu'être satisfait du soin que nous prenons.

Pour détruire les inquiétudes, si généralement

de la trop grande régularité des mouvemens, qui ne permettent pas cette accentuation qui fait le charme et la véritable expression de l'exécution musicale.

conçues par les solliciteurs de brevets sur l'inviolabilité du secret, il serait à propos de modifier
l'alinéa 2° de l'article 4 de la loi du 7 Janvier 1791,
sur les découvertes utiles et les moyens d'en assu-
rer la propriété à ceux qui seront reconnus en
être les auteurs ; cet article 4 porte « de déposer
» sous cachet une description exacte des principes,
» moyens et procédés qui constatent la découverte
» ainsi que les plans, coupes, dessins et modèles
» qui pourraient y être relatifs, pour ledit paquet
» être ouvert au moment où l'inventeur re-
» çoit son titre de propriété. » Il serait à propos, disons-nous, de modifier cet article par la
suppression de la dernière condition (l'ouverture
du paquet), qui n'est nécessaire qu'à l'expiration
du privilége ou pendant sa durée en cas de con-
testation seulement.

L'article 9 : « l'exercice des patentes accordées
» pour une découverte importée d'un pays étran-
» ger ne pourra s'étendre au delà du terme fixé
» dans ce pays à l'exercice du premier inventeur »,
nous semble devoir être retranché, bien que par un
décret du 15 août 1810 on ait cherché à mettre en
rapport les articles 5 et 9 de la loi du 7 janvier 1791 ;
car il doit entrer dans les vues du gouvernement de
favoriser l'importation encore plus que l'invention,
puisque l'une est une chose positive, tandis que l'autre

n'est comparativement qu'une théorie. Conserver cet article c'est s'exposer plus longtemps à être privés de beaucoup d'importations utiles. Nous avons connaissance d'une demande de privilége qui doit en ce moment fixer particulièrement l'attention du gouvernement en faveur d'une importation qui est du plus haut intérêt industriel, agricole et commercial pour la France, et aux énormes frais de laquelle un importateur zélé ne s'expose que dans l'espoir que cet inconséquent article sera retranché de la loi à la session prochaine des chambres; car le brevet du premier inventeur est prêt d'expirer en Angleterre, d'où se fait cette importation.

L'article 12 porte : « le propriétaire d'une patente » jouira privativement de l'exercice et des fruits » des découvertes, inventions ou perfections pour » lesquelles ladite patente aura été obtenue; en » conséquence il pourra, en donnant bonne et » suffisante caution, requérir la saisie des objets » contrefaits, et traduire les contrefacteurs devant » les tribunaux : lorsque les contrefacteurs seront » convaincus ils seront condamnés, en sus de la » confiscation, à payer à l'inventeur des dommages intérêts proportionnés à l'importance de » la contrefaçon, et en outre à verser dans la » caisse des pauvres, etc. » Nous pensons qu'il est ici indispensable d'appliquer le jugement par

juri spécial, qui fixerait lui seul les dommages-
intérêts, et aussi qu'il serait nécessaire d'admettre
la contrainte par corps, car la plupart du temps
les contrefacteurs de machines sont des ouvriers
qui n'ont point assez d'aisance pour offrir des gages
de dommages-intérêts ; la contrainte par corps
aurait aussi l'avantage de prévenir le fréquent abus
des prête-noms en pareil cas.

Dans l'article 16, au troisième cas de déchéance
pour la patente, exprimée ainsi qu'il suit : « tout
» inventeur, ou se disant tel, qui serait convaincu
» d'avoir obtenu une patente pour des découvertes
» déjà consignées et écrites dans des ouvrages im-
» primés et publiés, sera déchu de sa patente. »
Nous croyons qu'il serait convenable d'ajouter avant
les cinq derniers mots qui terminent cet article ces
deux-ci : *en Europe*. Il suffira pour en saisir l'importance de se rappeler ce que nous ont valu les cou-
rageuses recherches des voyageurs qui sont allés ex-
plorer des contrées éloignées et presque inconnues.

Le quatrième cas de déchéance du même article,
portant que « tout inventeur qui, dans l'espace
» de deux ans à compter de la date de sa patente,
» n'aura point mis sa découverte en activité,
» et qui n'aura point justifié des raisons de son
» inaction, sera déchu de sa patente. », devrait
être entièrement supprimé ; car combien de nos

inventeurs n'ont-ils pas été mis dans ce cas faute
de capitaux et de capitalistes, et que le respect
humain pour eux, l'amour-propre national
pour nous, ont empêché d'accuser les motifs de
leur inaction! Faudrait-il les punir d'un silence qui
les honore, puisqu'il nous respecte? Cette disposition est d'ailleurs si peu convenable, qu'elle
est pour ainsi dire tombée en désuétude.

Nous croyons aussi qu'aux articles 10 et 11 du
titre II de la loi du 25 mai 1791, qui disent :
« (art. 10) lorsque le propriétaire d'un brevet
» sera troublé dans l'exercice de son droit privatif
» il se pourvoira, dans les formes prescrites pour
» les autres procédures civiles, devant le juge de
» paix pour condamner le contrefacteur aux peines
» prononcées par la loi »; et (art. 11) : « le juge
» de paix entendra les parties et leurs témoins,
» ordonnera les vérifications qui pourraient être
» nécessaires, et le jugement qu'il prononcera sera
» exécuté provisoirement, nonobstant l'appel »,
il est essentiel qu'il soit apporté une modification
naturelle d'après celle proposée ci-dessus pour l'article 12 de la première loi, et qui consisterait,
savoir, à ne laisser opérer le juge de paix que pour
la saisie, et à renvoyer pour le jugement devant
les tribunaux.

On ne doit pas perdre de vue dans cette importaute matière que la propriété du génie est celle qui coûte le plus cher, celle à laquelle on tient le plus, et dont la perte nous est le plus sensible; que presque toujours elle est la seule fortune de ceux que le régime des brevets, tel qu'il est aujourd'hui, ne protége pas suffisamment. De la discussion qu'il est à désirer de voir s'élever à cet égard dans le sein de la chambre naîtront peut-être d'autres observations, notamment sur les formalités à remplir pour l'obtention des brevets : ces formalités ne garantissent point assez l'inviolabilité du secret, et la composition des commissions auxquelles les demandes de patentes sont soumises ont besoin d'un meilleur mode d'organisation. Quels que soient les résultats de la délibération à cet égard il est urgent de constituer pour l'industrie une nouvelle législation spéciale.

C'est un bienfait de la loi d'avoir dans son dispositif assimilé l'importateur à l'inventeur, car « il ne faut pas toujours regarder comme inventeurs ceux qui ont fait une découverte; ce n'est le plus souvent que l'ouvrage du hasard. Toutes les plus utiles inventions des arts lui sont dues; le vrai génie est celui qui les perfectionne, les applique et en étend l'usage. Il n'est point donné à l'homme de percer le voile de la nature, mais si ce voile s'ouvre le plus grand homme est celui qui tire le plus d'avantages de cette lumière passagère dont il a été frappé. » (1)

Il n'est pas moins constant que les inventeurs, bien plus disposés à faire de nouvelles recherches qu'à se tenir à ce qu'ils ont trouvé, sont rarement ceux qui font jouir la société de leurs précieuses découvertes; et il est presque sans exemple qu'un inventeur ait été appelé à cette plus douce récompense de ses travaux et de ses sacrifices. La plupart ont vécu dans la gêne, sont morts pauvres, et quelquefois même insolvables ! Ils méritent donc à tous égards la protection spéciale des gouvernemens, surtout dans les pays où les capitalistes ne sont point portés à leur confier des capitaux. Nous sommes bien d'avis que, dans la vue du résultat qui doit être son premier guide, le gouvernement manifeste une plus grande sollicitude pour l'importateur, parce que, n'ayant à faire que l'importation d'une chose éprouvée, il offre une plus grande somme de chances favorables pour le résultat ; mais il nous semble que tout pourrait se concilier, c'est à dire l'intérêt de l'inventeur comme celui de l'importateur, celui de la société ainsi que la bonne gestion des deniers publics, si le ministère dans les attributions duquel les arts se trouvent

(1) Bailly, Histoire des mathématiques.

recevait annuellement dans son budget huit à dix millions affectés à l'encouragement de l'industrie, aux termes suivans :

Sur lerapport d'une commission ou juri *ad hoc* (formé de gens notables par leurs connaissances en matière d'industrie, et entièrement hors de ligne pour toute concurrence ou rivalité avec ceux sur les demandes de qui ils auraient à statuer), le ministre pourrait disposer de ce crédit pour ouvrir des emprunts sur cautionnement, en raison de l'importance des objets, à ceux qui présenteraient des vues d'utilité publique. Nous avons été à même de nous convaincre pendant nos différens séjours en Angleterre du bon effet de cette disposition législative, quoique le nombre et les lumières des capitalistes l'y rendent moins nécessaire qu'en France.

Ces emprunts, remboursables par huitièmes ou dixièmes à partir de la troisième année du prêt, ne mettraient le gouvernement en avance que de dix-huit ou vingt millions en deux ans, après quoi, au moyen des intérêts, il pourrait se constituer un fonds spécial qui, au bout de huit ou dix ans, dégreverait de cette charge le budget de l'Etat. Napoléon, en accordant par prêts sur dépôt dans une seule année la somme de onze millions pour le soutien de grandes fabriques, semble avoir voulu faire l'essai d'une loi qui serait le plus puissant véhicule pour toute sorte d'industrie : cela vaudrait mieux que les cent cinquante ou cent soixante mille francs affectés pour les arts au ministère de l'intérieur, et qui le font pendant toute l'année obséder par une foule d'hommes intrigans ou nuls, avec qui l'on est exposé à voir la vénalité se partager cette dotation, si insuffisante pour son motif.

Par des actes de cette nature le gouvernement donnerait de véritables encouragemens à l'industrie ; il la dirigerait dans la marche qu'elle devrait suivre pour éviter de se trouver lésée par les mesures dont la politique précaire des gouvernemens de l'Europe peut lui faire inopinément la loi. L'industrie court ce danger tant que le sort de cette partie du monde reste infixé, faute de bases commerciales définitivement arrêtées, et d'après ce principe de toute justice « que la bonne foi dans les traités de nation à nation est encore plus de rigueur à cause de ses conséquences que dans les transactions de particulier à particulier. » La république française a eu pour principe à cet égard de ne jamais traiter collectivement, et de faire ses traités avec chaque état séparément, quoique plusieurs fussent ligués contre elle. Ce point essentiel d'une saine politique deviendra d'autant plus de rigueur que les transactions auront pour but comme elles ont eu pour cause des intérêts industriels.

En matière d'industrie des garanties sont plus nécessaires que des récompenses ; celles-ci ne sont rien sans les autres. L'ordonnance du 15 janvier dernier instituant une exposition publique des produits de l'industrie, mais ne précisant pas un mode d'exécution, il est à présumer, d'après l'exécution suivie, que la première application de cette ordonnance ne produira point l'effet qu'on s'en était promis, et qu'il était permis d'attendre d'un acte aussi libéral : il est possible même que son résultat soit contraire à son principe ; qu'il suscite plus de jalousie que d'émulation, qu'il froisse plus d'amours-propres qu'il n'en satisfasse ; qu'enfin il excite plus de mécontentement que de reconnaissance. Nous nous permettrons à ce sujet quelques remarques qui peuvent n'être pas inutiles pour prévenir, lors d'une prochaine exposition, les causes qui ont paralysé une partie des bons effets qu'on eût pu recueillir de celle-ci ; elle a provoqué si particulièrement l'intérêt du public qu'on peut le croire encore attentif à tout ce qui aidera son jugement définitif sur le spectacle dont on l'a fait jouir, et auquel l'amour-propre national s'est livré si franchement (1).

_____

(1) L'exposition de cette année n'aurait-elle provoqué que cette attention publique à nos produits, et

Tout dans cette exposition s'est ressenti de la précipitation qu'a nécessitée le peu d'intervalle laissé entre la date de l'ordonnance et l'époque assignée pour son exécution; beaucoup de fabricans n'ont pu exposer; des inventeurs et des importateurs se sont trouvés dans le même cas; les salles d'exposition n'étaient point disposées convenablement ni pour les objets exposés ni pour la circulation de la foule; dans la manière d'exposer il n'y a eu ni classification, ni convenance, ni méthode, ni goût; c'était un vrai chaos, dans lequel les exposans mêmes avaient peine à se reconnaître; les emplacemens accordés n'étaient point en raison ni de l'importance ni du volume des objets; beaucoup de ceux-ci étaient confondus de manière que l'homme de l'art aussi avait de la peine à en faire la distinction. Le livret indicateur a été fait sur un mauvais plan, et avec si peu de soin que dans un grand nombre d'exemplaires il y avait des transpositions de feuilles et plusieurs pages qui manquaient. Tout ceci peut être facilement prévenu, et le sera vraisemblablement à la prochaine exposition; mais il est d'autres points infiniment plus importans sur

---

détourné ainsi celle accordée aux manufacturations étrangères, c'est déjà un très grand bien, et qui ne peut que faire désirer qu'on en soigne la source.

lesquels il sera nécessaire de statuer. Pour épuiser ce qui est d'ordre intérieur, nous demanderons d'abord que toute vente y soit interdite afin de ne pas donner à cette exposition l'aspect d'un bazar; que la durée de l'exposition soit limitée à trois mois, afin de donner le temps aux habitans des départemens et aux étrangers de prendre part à cet intéressant spectacle; et enfin que le prix des objets en gros soit marqué sur les cartes indicatives, car c'est le type essentiel qui peut seul faire juger du progrès des arts. '

La composition du juri et l'espèce de législation qui doit le régir, tant pour l'admission des objets que pour la distribution des prix, ne sont point spécifiés dans l'ordonnance : cela nous semble être une grave omission, puisque c'est de ce juri et de sa manière de procéder qu'émane l'impulsion qu'on s'est proposé de donner aux arts. Il nous paraît aussi qu'en ne limitant pas le nombre des prix et en ne déterminant pas qu'un programme fixerait à la fin de de chaque exposition les objets qui seraient au concours pour les prix de l'exposition suivante, l'ordonnance s'est privée du plus vrai moyen de direction pour l'industrie. Dans les circonstances ordinaires les fabricans sont fixés dans le choix de leurs travaux par les commandes des négocians, qui pour cela sont eux-mêmes subordonnés à la consommation, variable à l'infini, parce qu'elle se laisse conduire par des guides inconstans, le goût et la mode.

Le juri devrait être composé d'hommes pris par tiers dans la classe des beaux arts de l'institut, parmi les hommes les plus signalés entre les amateurs éclairés des arts, et dans les corps divers du génie (1). Tout membre de ce juri intéressé directement ou *indirectement* dans les jugemens à porter devrait se récuser, ou pouvoir être récusé. Le ministre de l'intérieur devrait se faire honneur de présider une telle commission, et y soumettre à la discussion de ses membres le projet des objets de concours et des prix qui y seraient attachés. Quoique l'enthousiasme de l'honneur soit pour le caractère des Français un suffisant mobile de zèle, il faudrait que la valeur des prix ne s'élevât pas assez pour qu'on attribuât les efforts du zèle à cette valeur, mais qu'elle fût cependant telle qu'elle présentât des dédommagemens aux sacrifices que coûte la recherche d'une invention, de son perfectionnement ou de son importation, et être pour toute sorte de fabrication un véritable encouragement. Puisque le résultat le plus avantageux est le but de l'ordonnance, le juri chargé d'en assurer les effets

_____

(1) Génie des ponts et chaussées, génie géographe, des mines, et militaire.

devrait donc partir de considérations premières ,
qui nous semblent devoir être celles-ci.

L'industrie est aux gages de trois sortes de luxe ,
de *commodité*, de *magnificence* et de *frivolité* ;
il faudrait donc classer dans une cathégorie relative les objets de concours et les encouragemens à
donner pour prix. Si l'on admettait l'ordre de classification ci-dessus établi il faudrait donc conséquemment proposer pour premiers objets de concours, et pour plus forts encouragemens, les inventions, perfectionnemens, importations ou fabrications les plus utiles, et, par exemple, ranger dans
la première classe un nouveau modèle de lits plus
sains , moins embarrassans et moins dispendieux
pour les gens de la campagne, de préférence à de
beaux meubles d'ébénisterie, tels que ceux qui ont
été faits pour M. l'inspecteur général des écoles
des arts et métiers par les éleves dont l'éducation
industrielle est confiée à ses soins.

Nous ne perdrons pas de vue que nous ne vivons
pas aux temps où un austère gouvernant fit déli-
vrer une mine (1) de millet pour récompenser ,
conformément au mérite du genre de son talent,
l'adresse d'un homme qui , en jetant des grains
de millet, ne manquait pas de les faire passer

(1) Mesure athénienne.

par le chas d'une aiguille. Aussi n'est-il point d'objets, même les plus frivoles, qui ne doivent être appréciés, sinon pour eux-mêmes, du moins pour leur débit à l'étranger, où le goût assez général pour nos modes les accrédite, et en fait promptement une cause productive d'exportations. Pour être guidé dans la mesure qui est à garder en toute chose, n'en est-il pas de plus sûre au cas dont il s'agit que de balancer ensemble et l'un par l'autre l'utilité, le temps et l'argent dépensé, le degré d'instruction que l'objet suppose, et enfin le bon marché, qui est le visa de son passe-port dans le commerce ?

Pour les encouragemens à décerner ne rougissons pas d'aller prendre encore une dernière leçon chez nos anciens en industrie. En Angleterre quand il se présente de nouveaux moyens de produire mieux, ou aussi bien et à meilleur compte, des objets de consommation quelconques dont le gouvernement a besoin, il accorde en encouragement des préférences de fournitures, et dans la proportion demandée par l'impétrant de ce droit, qui est en même temps flatteur et lucratif. Quand le gouvernement même a un grand intérêt à jouir d'une découverte ou de son introduction en Angleterre, alors il forme de grands établissemens pour son compte exclusif, et récompense dignement et très-

grandement celui ou ceux à qui il doit des avantages, qu'il sait aussi bien apprécier que reconnaître (1).

Dans sa sollicitude le gouvernement britannique
ne se borne pas à des encouragemens particuliers.
Lorsque des parties d'industrie sont en souffrance
il accorde des fonds proportionnels aux besoins,
et fait entrer dans le paiement d'une partie des subsides de ses alliés des quantités considérables des
manufacturations qui sont le plus en souffrance.

C'est par de tels ressorts qu'on donne une bonne
et véritable impulsion à l'industrie en général; et
c'est en ne confiant pas ces ressorts à des mains
attachées à des industries spéciales qu'on peut en
espérer de l'effet. Sans préjuger en rien le juge-

---

(1) C'est ce qui est arrivé pour les poulies de la marine, qui sont toutes faites par un nouveau procédé dû
à un Français dont les rares talens méconnus dans sa
patrie, ont été perdus pour elle.

Le gouvernement russe s'est empressé d'imiter cet
exemple, en formant pour son compte d'immenses ma-
nufactures de papiers sans fin, d'après les machines *Didot
St.-Léger*, dont il est à désirer que le gouvernement actuel
nous fasse enfin jouir. N'est-ce pas assez de vingt années
de retard? Faut-il attendre plus d'un siècle, comme il est
arrivé pour le moulin à papier et à cylindre, inventé en
France en 1630, et qui, n'y étant pas accueilli, fut porté
en Hollande, et n'en est revenu que plus d'un siécle après? .

ment du juri pour l'exposition de 1819 , puisqu'il n'est point publié, examinons seulement l'effet qu'a produit le choix d'hommes recommandables sans doute , mais qui, comme juges là où leurs ayans cause sont concurrens , auraient dû se récuser. Beaucoup de fabricans du premier ordre, ayant une bonne *raison* de commerce, et ne voulant pas s'exposer à y porter atteinte en soumettant à une espèce de jugement par appel leurs produits, depuis longtemps bien jugés, ont préféré, en n'envoyant rien, échapper à la louange comme à la critique, à l'oubli comme à l'injustice qu'ils étaient portés à soupçonner de la part de juges rivaux.

Sans s'abandonner à aucunes préventions on peut donc être persuadé que s'il y eût eu plus de temps et une commission différemment composée il y aurait eu un plus grand nombre de produits et plus de variété; que, si l'on eût tracé une direction en désignant la nature des objets qui assignaient droit aux prix, il se serait trouvé moins de ce qu'on rencontre habituellement dans les boutiques et plus de ces moyens mécaniques qui travaillent à meilleur marché.

Nous sommes donc tributaires de l'étranger pour ces mécaniques, parce que nous manquons de bons ouvriers en ce genre , d'ingénieurs mécaniciens pour en former et pour les conduire dans leurs travaux. Au lieu de faire des ébénistes de la plupart des élèves nationaux de l'école des arts et métiers de Châlons, n'eût-ce pas été mieux répondre aux vues de cette belle institution et aux besoins industriels de la France que d'y former des ingénieurs hydrauliques et mécaniciens ; nous eussions vu plus de limes, plus de moteurs par vapeurs, et des roues hydrauliques pouvant s'appliquer aux moindres cours ou chutes d'eau, etc., etc.; car encore une fois il ne faut pas oublier que nous avons plus d'ouvrage que de bras.

Dans l'état des choses ce n'est pas sans un grand intérêt qu'on a pu voir paraître pour la première fois en France les fers en barre passés par la presse, les fers-blancs et tôles, et quelques autres objets qui ont concouru véritablement à notre affranchissement industriel ; ils ne se sont pas trouvés comme tant d'autres en *petite quantité*, et en quelque sorte pour se *montrer uniquement* à l'exposition : ce sont de véritables échantillons de produits en grand *qu'on se procure dans le commerce*. Telle devrait être encore une des conditions d'admission à notre concours.

Il serait bien essentiel aussi que toutes les machines exposées fussent achetées par le gouvernement pour être déposées au conservatoire des arts et métiers ; précaution d'autant plus utile dans un pays comme la France, que ce qui ne se peut dans ce moment s'effectuera tout naturellement dans quelques années, quand les capitalistes seront assez éclairés en matière d'arts d'industrie pour leur donner la préférence dans l'emploi de leurs capitaux. Si les anciens eussent usé d'une semblable précaution il ne se serait pas élevé tant de controverses sur ce qui entrait dans composition de l'airain de Corynthe, des vases murrhins, du feu grégeois, de la pierre obsidienne; nous aurions conservé la peinture à l'encaustique, la teinture en pourpre, et le mastic employé par les Romains dans leurs bâtisses. Il suffit d'ouvrir le traité de Pancirole pour éprouver les plus vifs regrets sur ce que les archives de l'industrie aient été aussi mal tenues. Pour rendre le conservatoire des arts et métiers à sa primitive institution il suffirait de faire revivre ses sages réglemens, la plupart tombés en désuétude.

En supposant que tous les véhicules qui sont dans la main du gouvernement aient été prodigués par lui aux industries agricole et manufacturière, il n'aurait point encore assez fait; ou plutôt tout ce qu'il aurait fait serait paralysé si ses vues ne s'étendaient pas jusqu'à l'écoulement des produits. C'est là la partie la plus souffrante de l'industrie, celle à laquelle il est le plus urgent de por-

ter un appui, qui ne lui serait pas accordé en vain;
ses heureux effets réagiraient favorablement sur
les deux premiers genres d'industrie, dont celui-
ci n'est que le complément et la conséquence : on
ne peut au contraire lui refuser cet appui sans que
les deux premières sources de l'industrie ne se
tarissent. Xénophon lui-même, qui dans ses *Eco-
nomiques* doutait de l'utilité du commerce pour
la république dont il était citoyen, se rendrait
aujourd'hui à l'évidence de cette nécessité. Ce n'est
pas, comme l'a pensé erronément Colbert, et
comme on l'a cru encore longtemps après et d'a-
près lui, que « les richesses d'un pays peuvent se
» calculer moins par le montant de ses productions
» que par le produit de ses ventes à l'étranger »;
mais parce qu'il existe entre les différens actes du
corps social une corrélation qui nécessite pour son
équilibre que ces actes soient balancés avec sagesse
et circonspection. Par exemple, à l'occasion de la
matière que nous traitons, il n'y a point de proportion entre la richesse qu'on possède et le nombre
de ceux qui y ont part; entre les productions et
leur écoulement : l'important serait donc de répandre plutôt que de produire; on doit donc plutôt ralentir que presser l'exportation pour donner
aux produits le temps de s'écouler. Au surplus
c'est ici qu'il serait dangereux de tomber dans l'un

ou l'autre des extrêmes, *abstraire* ou *généraliser*, qui ont entraîné Xénophon, Colbert et tant d'autres après eux, parce qu'avant l'application de tout principe en économie politique il faut considérer attentivement les circonstances.

Après s'être livré à cet examen qu'est-on amené à reconnaître par rapport au sujet qui nous occupe? Aujourd'hui que la peste, la famine, les guerres, ne sont pas le fléau des peuples, il en est un autre non moins à redouter, la FISCALITÉ ! Sur presque toute la surface de l'Europe il existe une lutte continuelle entre la propriété publique et la propriété privée ; une guerre fiscale sans paix, sans trève, entre les gouvernemens et les peuples pour déterminer quels sacrifices doit l'individu à la protection commune, qu'il recherche toujours et n'obtient que rarement ! Quand il en est ainsi il ne faut pas s'étonner si le commerce est dans un état général de stagnation en Europe, et si la confiance, *multipliant* nécessaire des engagemens commerciaux, est pour ainsi dire de nul effet. Aussi dans un état voisin où cette situation est à l'extrême une partie du peuple est-elle obligée pour vivre de s'en remettre à l'humanité de l'autre, humanité dont les effets sont si bornés qu'à peine ces malheureux ont de quoi s'empêcher de mourir ; et à côté d'eux le superflu domine tellement que celui-là est pauvre qui n'a qu'une fortune aisée. C'est constituer la mendicité que de ne point extirper la misère, et il n'en est point de pire que celle qui se trouve ainsi greffée sur l'extrême richesse. Deux tendances contraires se font aujourd'hui reconnaître aux yeux éclairés en Europe entre ceux qui ne devraient avoir qu'un intérêt commun, les gouvernans et les gouvernés; par une fatalité inconcevable, les premiers semblent ne travailler qu'à la ruine de ceux qui obéissent, et les autres nécessairement n'aspirer qu'à la perte de ceux qui commandent. Il est bien temps que les lois s'interposent, seul moyen d'empêcher l'engagement du plus général et plus terrible combat qu'il y ait encore eu.

Loin d'admettre ce qui était comme axiomes irréfragables de ce qui doit être, que les gouvernans au contraire, ne doutant plus que tout change dans le temps comme autour d'eux, s'appliquent à reconnaître la cause de maux que, s'ils n'ont su ou pu prévenir, ils doivent du moins chercher à guérir. Ils y sont d'autant plus intéressés que les gouvernemens peuvent tomber mille fois sans que la société périsse; elle se reconstruirait plutôt sur l'injustice même; ce qui est d'abord l'ouvrage de la violence est ensuite continué par les lois; l'histoire ne nous transmet l'origine d'aucun gouvernement fondé par la sagesse politique.

En raison des progrès qu'a faits la société, les affaires humaines, soit intérieures, soit extérieures,
deviennent plus influencées par les causes, qui sont
mieux connues et plus déterminées ; rechercher
la nature et la cause d'un mal c'est s'éclairer sur la
nature et les effets du remède. Les murmures d'une
société tout entière ne sont jamais que l'expression
de ses besoins : « Guidé par des calculs plus simples, moins observateur et moins réfléchi que ses
conducteurs, le peuple ne voit qu'un objet, mais
il le voit bien ; par une espèce d'instinct il saisit
fortement les moyens de salut et s'y attache ; par
le même instinct il recule et revient à la charge
avec l'impétuosité irrésistible propre aux grandes
masses livrées à leur pesanteur. » (1) Les attaques
de ces masses n'ont jamais porté que contre des
abus ; la révolte suscitée par l'injustice ne cherche
jamais dans le commencement qu'à agir contre ses
causes ; la résistance à la réforme ou aux modifications de ces causes excite chez les nations le sentiment ou cet instinct qui les irrite contre ce qui
n'est pas à sa place, et les intérêts acquièrent d'autant plus d'empire que le pouvoir perd de son pres-
tige. On convient avec le bon sens ; on ne discute

_____

(1) Guerre d'Espagne.

qu'avec l'erreur. Le pouvoir dégénéré en abus a seul érigé en science l'art si simple de l'administration. « Instruit par l'expérience des siècles (a dit dernièrement M. Dugald Stewart), les chefs des nations doivent enfin avoir appris que les sources les plus fécondes et les plus permanentes de leurs revenus ne sont pas les tributs qu'ils imposent aux nations vaincues, mais la prospérité intérieure et et la richesse de leurs sujets; et déjà les nations, éclairées de même par l'expérience, en sont venues à comprendre que l'accroissement de leurs richesses ne dépend point de la pauvreté de leurs voisins, mais qu'au contraire elle est intimement liée à la richesse, à l'industrie de ceux dont ils sont entourés; qu'en conséquence les jalousies de commerce, source féconde de haine entre les peuples, sont fondées sur l'ignorance et les préjugés. Le type du pouvoir, quand il est uni à l'intelligence, est de montrer, à l'instar de la nature (premier pouvoir), de l'unité dans les plans, de la variété dans les moyens, et de savoir multiplier les effets par les mêmes causes, ainsi que *le souverain législateur*, qui fut avare de causes, et qui a été si prodigue d'effets. Que ceux qui ont le pouvoir, s'ils veulent toujours rapporter les événemens les plus importans qui remuent les sociétés aux événemens antérieurs, en faisant ainsi d'aujourd'hui le résultat d'hier, n'oublient pas qu'aujourd'hui sera aussi la cause de demain; qu'ils écoutent l'expression du besoin des peuples; qu'ils apprécient la nécessité et les heureux effets que le plus souvent occasionne leur résistance, et surtout qu'ils ne la traitent point plus sévèrement que la révolte. Alors on verra que la diminution des impôts est un soulagement pour les peuples; que le moyen le plus efficace d'avoir moins besoin de tributs c'est l'économie; on s'apercevra que plus de circulation à l'intérieur multiplie les ressources, et que pour établir cette circulation il suffit de ne pas surtaxer les objets de consommation, et de faire travailler. Comme il y a prescription pour la confiance du moment qu'on a dérogé aux engagemens, il serait nécessaire de donner plus de garantie pour les institutions et de se montrer fidèles aux engagemens, ce qui ramenerait la confiance et le crédit, sans lesquels ils n'existe point d'industrie.

Ces voies si simples et d'une application si facile, en France surtout, la mettraient dans le cas d'attendre, sans trop souffrir dans son industrie, le dénouement des conjonctures dans lesquelles l'Europe se trouve engagée; dénouement qui, envisagé sous le seul point de vue de notre sujet, doit définitivement amener ou l'anéantissement de l'industrie en Europe, ou l'entier affranchissement des mers et des continens où elle a de plus pressans besoins.

de s'ouvrir des débouchés. C'est ici que l'industrie se présente maintenant comme premier mobile politique, et c'est sous ce rapport que nous la considérons dans le chapitre suivant.

~~~~~~

SECTION III.

De l'Industrie comme mobile actuel de la politique.

Quand Oxenstiern envoya son fils faire partie d'un congrès d'ambassadeurs, et que ce jeune homme lui accusa la défiance qu'il avait de sa capacité pour une si haute mission : « Allez, mon » fils, lui dit le chancelier, vous verrez par vous- » même combien sont petits ces sages de la terre » qui gouvernent le monde. » (1)

C'est s'en remettre au hasard du soin de la vérité que de consentir à ce qu'on croirait vraisem-

---

(1) *Quam parva sapientia terræ regitur mundus !* C'est ce même Oxenstiern, que l'ineptie des souverains allemands laissa maître de diriger la guerre de 1634, et qui pour cela ne s'en exprimait pas avec plus d'estime sur leur compte. « Qu'on enregistre (disait-il) dans les » annales de l'histoire, et pour en conserver la mémoire, » que les princes de l'empire germanique demandent à un » gentilhomme suédois une portion du sol germanique » dont a été dépouillé par la guerre un de ses voisins dont » il était l'allié. »

blable en matière de raisonnement. On a généralement cru en 1814 que la *prétendue* paix générale allait asseoir le monde ; beaucoup de gens éclairés, même parmi les commerçans, ont cru que l'industrie allait recevoir la liberté, et beaucoup d'entre
eux ont été dupes de cette fatale erreur (1).

Nous disons *fatale erreur*, parce qu'en suivant
ponctuellement ces mesures prohibitives imposées
par Napoléon pour arrêter la funeste influence de
l'Angleterre on eût forcé cette puissance, dans le
cours d'une ou deux années, à rentrer dans un système européen plus convenable aux peuples de
cette partie du monde, et même nécessaire au

---

(1) Beaucoup de grosses maisons de Londres ont été
ruinées par suite d'espérances trop légèrement adoptés,
parce qu'elles avaient été calculées d'après la passion,
qui aveugle, au détriment de l'intérêt, qui éclaire.

La conduite de plusieurs négocians anglais en cette
circonstance a été la même que fait tenir dans un autre
genre un préjugé populaire qui règne encore dans quelques provinces reculées de la France, où l'on pense que
les effets des blessures faites par un animal enragé sont
neutralisées du moment qu'on a détruit l'hydrophobe.
En 1814 le créateur du système de blocus continental avait
beau n'être plus là, l'industrie n'avait pas moins déjà fait
des progrès tels qu'on s'est trouvé presque affranchi du
joug qui avait nécessité un système dont l'auteur eût re-
cueilli lui-même les résultats s'il y eût été fidèle.

repos de toutes les nations, qu'elle va agiter et troubler quand elle ne peut les envahir et les ruiner. Les commerçans, toujours si clairvoyans, n'ont pu être abusés en cette circonstance que par la haine qu'ils avaient conçue contre *celui* qui ne s'en rapportait pas à eux pour l'exécution de ses décrets de Berlin et de Milan. En admettant que cet acte de défiance fût dicté par une saine prudence, du moins Napoléon n'aurait-il pas dû se faire le commerçant exclusif du continent européen au moyen de ses licences.

Bien que maintenant on ait posé les armes, on n'en est pas moins dans une guerre très-active, commercialement parlant ; car d'une part l'abus que l'Angleterre s'est empressée de faire de l'avantage de sa position maritime et commerciale vis-à-vis des autres puissances, et d'autre part la diminution des consommations étrangères, ont dû faire ouvrir enfin les yeux à des gouvernemens qui s'étaient si aveuglément ligués contre leurs plus vrais intérêts.

C'est par ces causes et dans la vue de recourir après ces intérêts qu'on a vu les lois prohibitives successivement se rétablir par la force des choses dans tous les états où Napoléon voulait les faire adopter, et sans lesquelles le gouvernement britannique viendrait bientôt à bout de ses fins ;

c'est à dire, *de dicter des traités de commerce à toutes les puissances, ce qui équivaudrait à la fourniture générale, exclusive et éternelle de ce dont les peuples ont besoin ;* car elle ne veut livrer que *toutporté*, afin d'accaparer le bénéfice de vente, la commission et le transport.

On voit au simple aperçu qu'un état de choses si extraordinaire a dû non seulement anéantir le commerce des nations entre elles, mais encore créer dans le sein de chacune des rivalités insurmontables entre ceux qui se doivent un mutuel secours, tels que les manufacturiers, les commissionnaires entreposeurs et les négocians, qui, jusqu'à ce qu'il arrive un état de choses plus naturel, sont placés dans la situation de se nuire (1).

Le commerce de nation à nation n'est pas seul détruit, les armées de douanes étant plus que jamais aux prises, mais aussi le commerce de particulier à particulier est anéanti, parce qu'il ne trouve plus les fonds dont il a besoin chez les banquiers, que les gouvernemens enrichissent en s'appauvrissant.

---

(1) Le manufacturier a besoin de la prohibition, l'entreposeur d'importation, le commissionnaire d'exportation, le négociant de l'une et de l'autre, et tous du banquier.

A ces causes de la détresse du commerce énon-
cées ci dessus s'en joint une autre non moins di-
recte; c'est l'incertitude dans laquelle tant de
peuples sont encore par rapport à leurs institutions. Tout ce qu'a de pénible leur sort actuel, qui,
par les raisons du *nihil violentum durabile* et du
difficilis in somno mora, jette dans tous les esprits
des défiances, des dégoûts qui laissent à peine le
temps et le courage nécessaire pour défendre la
propriété privée des attaques multipliées que lui
livre l'avidité du fisc; et là où l'on est tout occupé à se défendre on n'a guère la possibilité de
s'étendre.

Lorsque l'agriculture est *surimposée*, ses produits surtaxés, le commerce général et privé empêché, les manufacturiers ruinés, et le gouvernement obéré, il ne peut y avoir qu'une *industrie*;
c'est celle de l'agiotage sur les papiers de crédit (1).

Heureusement pour l'humanité qu'une situation
si éversive de tous les principes d'administration
ne peut longtemps durer, surtout à une époque
où ces principes sont si bien connus et appréciés
par toutes les classes de la société, qui y sont éga-

(1) Ils ne représentent réellement l'argent que lorsqu'ils ont pour garantie les institutions sociales *fidèle-
ment gardées*.

·lement intéressées. On peut voir par les effets que
cette subversion a déjà produits s'il est possible
de se refuser plus longtemps à l'adoption du système que réclament les besoins des peuples bien
plus encore que les lumières répandues chez eux.
Nous n'entrerons pas dans le détail de toutes les
misères qui les désolent; d'une extrémité de l'Europe à l'autre en est-il un seul qui soit et puisse
être content de sa destinée! Cette demande même
a-t-elle besoin d'être faite? N'entend-t-on pas de
toute part les cris du malheur? Ne voit-on pas les
convulsions de la faim ? Ne semble-t-on pas s'attendre aux derniers accès du désespoir? Pourquoi,
s'il en est autrement, pourquoi en pleine paix générale toutes ces armées sur pied ? Pourquoi cette
ardeur des gouvernans à se fortifier contre les populations? Pourquoi, lorsque dans la sympathie d'un
malheur commun elles n'ont d'autre but que de se
chercher et de se ramasser ensemble à la manière
des blessés sur le même champ qui les a vus aux
prises, ne pas leur laisser la consolation de regretter
le passé, de gémir du présent, et de travailler à un
avenir qu'on leur a appris à ne plus attendre que
d'elles-mêmes?

C'est en vain qu'on tenterait aujourd'hui de faire
se ruer les unes sur les autres ces populations en qui
la communication n'a pu manquer d'affaiblir les

préjugés nationaux, et de rendre communs les progrès de chaque communauté en particulier. De tels projets déccleraient dans leurs auteurs la vaine prétention d'élever leur propre sagesse au dessus de la sagesse éternelle ! Qu'ils renoncent à cet ancien secret de la politique qui consistait dans l'art d'éluder les lois; il est aujourd'hui trop divulgué pour que l'oppression de leurs concitoyens puisse leur tenir lieu de conquête, et pour que la politique actuelle ne consiste pas à les bien gouverner, plutôt qu'à chercher à se les assujétir davantage. Partout les intérêts se sont substitués à une soumission spéculative : c'est être revenu du passif à l'actif, ce qui ne remet pas un moindre ressort entre les mains du pouvoir. Heureux seraient, s'ils le voulaient, ceux qui n'ont à répondre que de l'exécution d'institutions telles que les citoyens songent moins à l'obligation de s'y soumettre qu'aux avantages qui résultent pour eux de leur observation et de leur maintien! Et c'est le propre des institutions constitutionnelles de permettre aux citoyens de vouloir ce qu'on veut d'eux.

Les gouvernemens, partout réduits à entendre la vérité, feraient bien mieux de se résoudre à la dire : le grand jour est aussi nécessaire pour régler l'action du pouvoir que pour toute autre; l'obscurité fait que tout peut s'entrechoquer, tandis que la

5

lumière permet que tout se reconnaisse et se règle ; et l'on peut remarquer que dans l'ordre physique et moral le bien n'est que la conséquence de la règle.

Au lieu de ces congrès de Vienne et d'Aix-la-Chapelle, de ces assemblées de Toëplitz et de Carlsbad, qui ont si peu fait pour les habitans de l'Europe qu'ils n'espèrent presque plus rien de semblables conciliabules, pourquoi ne pas sortir de l'ornière d'une diplomatie aussi insolite vis à vis de cette masse d'intérêts européens, qu'elle a elle-même placés pour ainsi dire en commandite ? Qu'au lieu de chercher à se les subordonner encore par des transactions apparentes, qui ne sont que le voile de traités occultes (1), qu'on écoute plutôt ces intérêts trop longtemps méconnus, qu'on voie l'industrie à leur tête adjurant tous les *pouvoirs* de consentir à sa *puissance*.

Au congrès de Vienne, bien qu'elle parlât aussi haut, elle ne put se faire entendre au milieu des

_____

(1) Ce voile ne les dérobe plus à la connaissance intéressée des peuples ; les affaires, devenues publiques, appartiennent au jugement du public ; et si l'on regrette cette conséquence il vaut mieux se mettre dans le cas de n'avoir rien à redouter de son action que de tendre vainement à l'empêcher.

passions qui s'agitaient autour d'elle ; mais maintenant qu'appaisées elles ont fait place aux intérêts, maintenant qu'à la fureur l'expérience a substitué les besoins, pourquoi le pouvoir s'exposerait-il au danger de différer plus longtemps de se soumettre à la *puissance*, seul moyen d'attirer à lui la portion qui lui en est nécessaire pour se maintenir.

L'erreur politique qui fait tous nos maux date du congrès de Vienne. Ce n'était point une délimitation géographique (1) ni une répartition d'âmes qui pouvait alors *équilibrer* l'Europe ; on devait juger par le peu d'étendue des trois royaumes, par ces treize millions d'habitans qui font la loi à plus de soixante millions peuplant le reste de l'Europe, par les subsides que le gouvernement britannique a si longtemps payés à tous les autres, ce que peut l'industrie, et combien il importait à chaque état de revendiquer sa portion relative de cette véritable puissance. Loin de cela, chacun n'a ressenti que la satisfaction de voir détruit un despotisme qui avait dû s'élever contre le despotisme bien plus dangereux de l'industrie exclusive : aussi, au lieu de poursuivre l'œuvre de la libération de l'Europe,

---

(1) Les états qu'on a *taillés* à ce congrès ne sont pas même dans les justes proportions qui auraient pu maintenir la paix au temps de la féodalité.

qui était assez avancée pour qu'on pût peut-être l'achever sans l'auteur du système de blocus continental, on s'est empressé d'une part de rendre au *ver solitaire* (1) qui affame et torture l'Europe plus qu'il n'avait perdu dans la lutte (2), et de l'autre de renverser la digue (3), aussi bien construite que nécessaire pour s'opposer à un torrent (4) qui nous menace tous d'autant plus maintenant que déjà son débordement a eu lieu ! Voilà ce que nous a valu cet auguste congrès, *qui devait asseoir le*

---

(1) Qu'on nous permette cette expression, si applicable au gouvernement britannique par la manière dont il tourmente le corps social politique.

(2) Ne l'a-t-on pas autorisé à détruire toutes les marines de l'Europe ou à s'en emparer? Ne lui a-t-on pas donné, par les concessions de Malte et des îles Ioniennes, les dernières clefs de la Méditerrranée, comme s'il n'eût pas eu assez de l'Océan et de toutes les colonies? Ne l'a-t-on pas laissé, par la possession du Hanovre, prendre rang parmi les puissances continentales? Enfin n'a-t-on pas ouvert d'abord tous les débouchés intérieurs à ses manufacturations, sous le poids desquelles il était prêt d'étouffer?....

(3) La *Confédération du Rhin* : cet acte si éminemment politique, et dans les intérêts passés, présens et futurs de l'Europe, que tous les hommes de génie qu'elle a vus régner l'avaient tentée ou résolue.

(4) La Russie.

monde, auquel se rattachaient autant d'espérances que de besoins, et duquel sont survenues autant de calamités qu'il en pouvait prévenir !

C'est dans une telle occurence que certains agens des gouvernemens rêvaient la résurrection de l'ancien système colonial : dans leur délire ils voulaient et voudraient encore que nous allassions exposer les lambeaux de notre armée qui n'ont pas été la proie de la trahison et de la délation à une perte certaine pour obtenir la *gloire solennelle* d'aller troubler tout au plus le repos que d'autres ont su se créer pendant nos troubles !...

Quel dommage selon eux qu'avec les vues *libérales* de la sainte alliance il ne puisse aussi se former une coalition maritime dans la vue de restituer, à chacune des vieilles monarchies de l'Europe ce qu'elles possédaient *très légitimement* sur les autres continens ! Il est telles questions qui méritent plutôt justice qu'examen : celle-ci est du nombre de celles dont les faits (1), d'accord avec l'opinion, ont déjà fait justice ; aussi ne nous étendrons-nous

_____

(1) On doit se rappeler ce qu'ont opéré les tentatives essayées en vue de rentrer dans la possession nominale de Saint-Domingue, et l'on peut voir non pas ce que nous rapportent, mais ce que nous coûtent nos possessions coloniales recouvrées et *réadministrées* d'après l'ancien système.

pas sur cet objet qui vient d'être développé (2) , et dont la solution se détermine chaque jour malgré les prétentions des anciens colons et des gouvernemens; nous nous bornerons à renvoyer les uns et les autres, s'ils n'ont pas confiance en M. de Pradt, pardevant Robertson, pour ce qu'il conseillait à son gouvernement à l'occasion de ce qu'on appelait *l'insurrection des colonies des Etat-Unis.*

Loin de croire à la possibilité du réasservissement des Amériques, on doit au contraire se tenir persuadé que l'entier affranchissement de cette partie du monde contribuera à la libération du joug qui pèse sur l'Europe. A l'appui de cette assertion il est une considération qui nous semble avoir été omise dans l'ouvrage précité : la civilisation doit s'opérer et s'étendre bien plus promptement sur le nouveau continent que sur l'ancien, parce que les lumières, n'ayant pénétré sur celui-ci qu'insensiblement, et n'ayant été portées que d'un seul point successivement à tous ceux où elles y sont maintenant parvenues, cette civilisation a dû y être lente, et être contrariée dans sa marche par toutes les entraves dont elle rencontre encore les débris sous ses pieds; et à l'époque de ces premiers

---

(2) Dans l'ouvrage sur les colonies et la révolution d'Amérique, par M. de Pradt.

progrès les lumières n'étaient développées nulle part ailleurs : au lieu que l'Amérique perçoit aujourd'hui partout et de toute part les lumières et les effets de la civilisation au même degré où nous les possédons, et avec moins d'obstacles à vaincre pour s'en faire l'application.

Il est vrai que la marche suivie jusqu'à ce jour par les gouvernemens que se sont donnés les indépendans n'est pas celle qui peut les amener promptement à cette application. Dans un sentiment qui n'est motivé sur rien, dont par conséquent nul ne peut se rendre compte, les indépendans se sont privés des secours qui leur eussent été portés de toutes les parties de l'Europe; capitaux, industrie, population, se fussent introduits chez eux; mais ils se sont frustrés de recueillir les débris du grand naufrage politique, auquel cependant ils ne peuvent contester devoir leur indépendance. Indépendance est-il bien le mot ? Par trop de désir d'échapp une reconnaissance dont ils se fussent acquittés en en laissant consacrer de nouveaux motifs, les indépendans ne courent-ils pas le risque de ne faire qu'un échange de dépendance, et de n'avoir recouvré la liberté sans efforts que pour la posséder sans en jouir, et même la perdre par des essais indiscrets pour la maintenir ? La conservation en toute chose est la conformité d'action avec le principe, ou l'action suivant la nature de la création. Qu'ils apprennent donc de nous que la liberté ne se reçoit point, mais qu'elle se prend, et qu'elle ne se garde que lorsqu'on s'est affranchi de soi-même : aussi qu'ils ne croient point avoir établi leur liberté, qu'ils reconnaissent plutôt n'avoir pour auxiliaire négatif que l'impéritie de leurs ennemis, et qu'ils redoutent la maladresse de la politique européenne.

Jamais ce qui est de l'intérêt de cette politique ne fut mieux tracé, ne fut mieux indiqué, autant désiré, conseillé, réclamé; jamais aucun de ces actes ne fut si urgent ! Ne reconnaît-elle pas déjà l'espèce de pléthore que la surabondance de productions fait ressentir à presque tous les états? Cette politique n'est-elle pas enfin amenée à penser que l'Angleterre, qui est l'état le plus menacé de l'espèce d'apoplexie qu'occasionne aux corps sociaux des productions sans débouché, cherche à s'en faire de nouveaux par tous les moyens qui sont aussi familliers à son cabinet que nécessaires à sa politique anti-européenne? Il ne suffit pas à cette puissance (qui ne peut se maintenir que par des exceptions et des dérogations aux droits communs des nations) d'attirer tout à elle; il lui faut encore tout retirer et tout empêcher aux autres ! Et c'est à cette politique que celle de toute l'Europe cé-

derait quand il lui est devenu nécessaire, sous peine
de mort, d'en avoir une diamétralement opposée!
Comment ne sommes-nous pas déjà en possession
de tous les avantages commerciaux que nous offre
l'immense Littoral américain? Alléguerait-on la
parenté pour ce qui concerne la France? Elle a
connu la valeur des liens des familles privilégiées...
La patrie, les habitans seraient-ils donc étrangers
à celui qui les gouverne, ou celui-ci leur serait-il
donc étranger ? Sous un régime constitutionnel
particulièrement le chef du gouvernement ne doit
reconnaître que les liens d'état (1). Allons donc
avec les fruits de notre industrie, et non avec des
armées, prendre possession d'un immense commerce qui attend les premiers venus autant que
les plus habiles, et ne rêvons plus d'autres colonies!

Trop d'attention au passé consomme le présent aux dépens de l'avenir, et comme, en politique surtout, ce sont moins les fautes qui nous
perdent que notre conduite après les avoir faites,
quittons les chemins tortueux de la routine pour
nous jeter franchement et de concert dans le vaste
champ de l'industrie! Que chaque état s'y fraie la

---

(1) Cette expression n'est point à confondre avec les
raisons d'Etat, qui sont toujours les plus mauvaises
qu'on connaisse.

route qui peut conduire son commerce dans la direction où il est naturellement appelé, et où conséquemment il doit tendre! Puisque la mer est devenue un apanage de l'industrie, elle ne peut être le partage d'un seul. Qu'on y trace des routes, qu'on se distribue les continens vers lesquels chacun pourra porter les fruits de son activité; tels sont aujourd'hui les objets dont la diplomatie a exclusivement à s'occuper; telles sont les seules bases de traité, parce que telles sont déjà depuis longtemps les seules occasions de la paix ou de la guerre, etc.

— Les moyens de faire entrer les gouvernemens dans ces voies? se demanderont ceux pour qui l'impossible se présente toujours comme sauvegarde de ce qui périclite. — C'est de commissionner spécialement pour cet objet ceux que nous honorerons de nos choix pour régler nos intérêts; c'est de leur persuader que les plus réels intérêts sont là; c'est de leur recommander plus d'action que de sentiment (1); c'est de les aider à s'élever des intérêts spéciaux aux intérêts généraux; et enfin

---

(1) Nous entendons ici dire qu'ils doivent s'abstenir d'une sensibilité trop vive, qui nuit toujours à l'action; car dans ce cas surtout sentir en moins fait penser en plus, *et vice versâ.*

de leur faire envisager qu'assumant sur eux tant de responsabilité vis à vis de leurs contemporains et des générations futures, ils doivent, inébranlables dans les principes, combattre ce qui leur est contraire par une impassible résistance, force virtuelle qui agit à distance, et se dérobe aux regards. Ils sont les sentinelles avancées de la nation, et le peuple, qui met sa confiance dans ses députés, est toujours porté, quand ils ne dissipent pas ses maux, à en dire ce que le plus juste murmure au ciel dans ses infortunes : « Si cela n'a pas été d'expresse volonté, il ne l'a pas empêché. »

La question des colonies est, sans aucune exception, celle qui réclame la priorité à la prochaine session des Chambres : cet objet est de la première importance par lui-même, ainsi que par les conséquences qui en découlent.

1°. Le système colonial *réadopté* doit être changé, ou plutôt, comme il n'en existe pas, il en faut un sur de nouvelles bases, et d'après les besoins de l'industrie, dont il devient une embouchure nécessaire, puisqu'elle ne trouve pas à placer ses produits en Europe.

2°. Cela entraîne une réforme totale dans l'administration si décevante de la marine, et, en exigeant que nous ayons celle que nous payons, nous en fera jouir (1).

5° Cet essentiel objet, qui se rattache à presque tout, ayant une connexité particulière avec l'argent, que le commerce multiplie en l'employant, amènerait immanquablement à un plus véritable examen du budget, et au refus même de le souscrire, si ces recettes devaient être ordonnancées par des agens qui ne fussent point responsables.

4° Enfin ce serait un moyen autant qu'un motif de chercher à rétablir l'équilibre d'un crédit dont on a si cruellement abusé en l'outrepassant.

OUVRIR DES DÉBOUCHÉS aux produits de l'industrie est non seulement le premier moyen de la favoriser, puisque sans celui-là tous les autres sont nuls, mais encore, comme elle est devenue le principe de la vie politique, c'est d'elle et pour elle que les organes doivent recevoir l'impulsion; exciter son essor d'abord différemment, ce serait la tuer, et avec elle le corps social : celui-ci ne peut-être sauvé que lorsqu'on aura facilité l'écoulement des produits industriels : c'est la saignée, qui, en rétablissant la circulation, sauve le malade. Ceci est applicable à toutes les industries, même à celle de la pensée,

---

(1) Il suffirait d'échanger cet inutile personnel des bureaux contre de l'actif.

dont les produits ne sont pas ceux en qui les progrès se font le moins remarquer ; mais là comme ailleurs il y a concentration, et il s'agit bien moins aujourd'hui de produire que de répandre. On sait assez, on possède assez, mais pas assez de gens savent, pas assez de gens possèdent ; il n'y a point de proportion entre le degré de lumière et le nombre des individus qu'elle éclaire (1), entre la fortune publique et les fortunes particulières. Ce n'est donc

---

(1) Pourquoi, par exemple, tant d'écrivains et d'écrits sont-ils concentrés dans Paris, où leur effet est déjà produit et peut s'entretenir avec la moitié moins de monde et d'écrits périodiques ? Pourquoi quelques-uns d'entre eux, se pénétrant bien de ce qu'exigent les principes qu'ils répandent, ne fourniraient-ils pas la preuve en se transportant dans quelques-unes de nos provinces en retard, où ils produiraient beaucoup plus d'effet en bien que leur absence n'en peut faire en mal dans la capitale.

Pourquoi les défenseurs de la cause nationale, sachant l'état de disette dans lequel se trouvent toutes les petites villes et les campagnes par rapport à ce qui peut alimenter leur patriotisme, ne prennent-ils pas les moyens d'y faire répandre quelques-unes des vérités dont nous serions rebattus ici si jamais on pouvait l'être de ce qui est vrai ?

La pensée, ce plus beau produit de l'industrie surnaturelle, principe premier de toutes les industries, est retenu en quelque sorte sur un seul point.

Ce serait surtout les écrits de ceux qui n'écrivent point

point en excitant d'abord directement l'accroissement de l'industrie qu'on peut lui faire du bien ni
lui faire produire celui que nous en attendons,
puisqu'elle est déjà très gênée en l'espace qui ne
peut plus la contenir.

C'est là le véritable point de vue d'où il faut
envisager la question, c'est de là qu'on reconnaît
que le commerce extérieur est d'une nécessité absolue, et qu'il ne peut se faire qu'au moyen des
colonies.

La tradition de tout ce que ce mot exprimait
autrefois s'est tellement conservée dans la tête des
anciens colons que peut-être il serait à propos et
plus facile de lui en substituer un que de substituer un autre sens à celui qu'on y attachait. Avant
d'exprimer ce que doivent être les colonies dans
l'ordre actuel nous croyons à propos de jeter un
coup d'œil sur les différens modes qui les avaient
fondées. Il y a eu des colonisations de trois sortes :
1º les colonisations des gouvernemens; 2º celles
des particuliers, et 3º celles de commerce. Les gouvernemens ont colonisé en envoyant la lie de leur
population dans des régions peu ou point habitées :

---

par profession qu'il serait bon de répandre, car on est
assuré que ceux qui écrivent d'inspiration ont du moins
quelque chose à dire.

les particuliers, soit pour le compte de leurs gouvernemens, comme les Fernand Cortès, etc.; soit
à titre de chefs d'expéditions militaires, comme le
général Bonaparte en Egypte, le général Leclerc
à Saint-Domingue : soit à titre de prince, comme
le régent de Portugal au Brésil : et le commerce
en établissant des comptoirs, comme ceux des compagnies des Indes orientales et occidentales, etc.

Dans le premier cas l'histoire des colonies, bien
sue, nous mor trerait l'influence bienfaisante d'un
nouveau climat et de nouvelles habitudes d'industrie dictées par la nécessité, ramenant à des mœurs
douces et honnêtes des hommes que les préjugés
d'une société corrompue avaient subjugués ; elle
nous les ferait voir revenus à la santé morale de
même que ces malades désespérés qui quelquefois
ont recouvré la santé par le simple changement d'air.
Aussitôt que les colonies de ce genre ont commencé à prospérer on les a vues alors seulement
fixer les soins et les attentions de la *mère-patrie*,
mais dans la seule vue d'aspirer à elle le produit de
forces naissantes et encore mal assurées.

Dans le second cas nous ne voyons pas les colonies plus heureuses : la flamme et le fer sont quelquefois dans la main des nouveaux colons, et ce
n'est qu'en épuisant pour de longues années les
ressources du pays sans pouvoir s'y établir, ou,

s'ils s'y établissent, c'est pour y imposer de ces jougs que secouent dans ce moment les indépendans de l'Amérique du sud.

Dans la troisième espèce nous voyons les colonisations s'être maintenues plus longtemps parce que l'intérêt, se subdivisant à l'infini, y portait sans cesse de nouvelles sources de vie, sources rendues occultes au moyen du privilége des compagnies. Cependant les colonisations de cette classe ont prouvé aussi ne pouvoir échapper à l'anéantissement que leur préparaient à la longue leurs métropoles qu'en s'en rendant indépendantes, et ce n'est qu'en suivant cet exemple que celles dans le même cas qui subsistent encore pourront échapper à cette destinée définitive (1).

Nous ne voyons aucune de ces sortes de colonisations avoir *prospéré* (dans toute l'étendue qu'implique ici l'application de cette expression) avant d'avoir assuré son indépendance, *ce qui*

---

(1) Cela a été reconnu et développé par M. J. B. Say, qui fait autorité en ces matières. Dans un de ses ouvrages il ne craint pas d'annoncer la prochaine indépendance de toutes les colonies où pénétreront les lumières et les arts, surtout ceux d'industrie; et les livres les plus instructifs sont ceux qui annoncent les événemens, car ceux là seuls pour l'action partent du point où l'on est.

coûte toujours de grands efforts utilisés par de grands sacrifices (1).

Cette expérience amène donc naturellement à penser qu'il faut plus que jamais un nouveau système de colonisation. La Guïanne est dans ce moment le point le plus important et celui où se porteraient immanquablement les regards du commerce, si ceux du gouvernement y avaient préparé ce qui doit précéder toute entreprise coloniale; c'est à dire si, ayant reconnu que toutes les colonies recouvrées étaient aux droits communs qui régissent la France, il y avait envoyé, pour y administrer d'après les nouvelles institutions françaises, des hommes de choix et capables de s'identifier avec leur mission.

Quant aux colonies qui n'ont pas été restituées il serait instant de reconnaître franchement leur indépendance, de leur en donner même des garanties si elles en exigeaient, puisque notre gouvernement s'est placé dans la position de leur en inspirer le besoin, et de faire valoir ce consentement *bénévole* en l'échangeant contre une bonne transaction commerciale. C'est ainsi que nous aurions la possibilité de faire à St.-Domingue seulement

(1) A consulter l'histoire de la guerre de l'indépendance des États-Unis d'Amérique et de St.-Domingue.

pour cinquante à soixante millions d'affaires par an, que notre entêtement colonial laisse faire aux Anglais, au détriment de notre commerce.

Pour ce qui est des erremens à suivre relativement aux nouveaux débouchés de commerce qu'on peut s'ouvrir avec les états nouveaux qui se forment dans l'Amérique du sud et ailleurs, nous avons sous les yeux l'exemple de l'Angleterre.

Sans nous permettre de le suivre de point en point, ce qui n'est pas plus compatible avec notre caractère que cela n'est possible dans la situation actuelle de notre marine, ne négligeons pas de nous rapprocher de ces moyens simples à cet égard. N'envoyons pas dans les ambassades des hommes capables d'achever la ruine de notre commerce, qui y paraissent avec des fabrications étrangères au pays qu'ils sont chargés de représenter : ayons des consuls intelligens qui sachent préparer d'abord et ensuite soutenir des relations de commerce : ayons aussi quelques agens extraordinaires qui ne perdent jamais de vue que si chaque particulier n'accorde aux opinions d'autrui qu'un degré d'estime proportionné à la conformité que ces opinions ont avec ces principes, il en est de même des états; ceux-ci n'apprécient le travail, le commerce, l'industrie, l'art militaire, les qualités sociales et les vertus mêmes qu'en raison de l'intérêt qu'ils ont de le faire, et des avantages qu'ils en peuvent retirer eu égard à la combinaison des circonstances.

Encourageons nos armateurs, au lieu de les décourager par la mobilité de nos tarifs de douanes : ne faisons de prohibitions que celles indispensables : sachons surtout nous tenir en paix, quelque trouble qu'il y ait autour de nous; nous avons assez guerroyé, et nous avons acheté la paix trop cher pour n'avoir pas le droit de recouvrer par elle quelques-uns des sacrifices énormes qu'elle nous coûte c'est là principalement que notre politique doit se fixer. Notre diplomatie doit être toute commerciale. Notre gouvernement ne peut se mettre d'un côté tandis que toute la nation serait d'un autre : maintenant notre caractère national est industriel; et ce qu'on appelle le génie d'un peuple n'est jamais que l'expression de ses besoins, caractérisée par l'exercice de ce qui peut y pourvoir.

Ces moyens sont d'autant plus faciles à pratiquer par nous que nous avons un liant dans l'esprit et une facilité dans l'humeur, et en général une sensibilité qui fait que quelque prévention qui nous accueille nous la dissipons par nôtre présence; et de toutes nos victoires elle n'est pas celle dont nous avons le moins à nous féliciter puisqu'elle peut nous valoir des conquêtes plus durables. Sachons en tirer avantage sans en concevoir d'orgueil : nous

devons n'avoir pas oublié que les succès sont ce que
des rivaux pardonnent le moins ; n'en voyons plus
dans les autres peuples. Reconnaissons au contraire
que nous nous sommes fait beaucoup de mal sans
nous haïr, et que les chefs des nations se sont donné
beaucoup de démonstrations de sentimens sans s'es-
timer. Puissent toutes les rivalités s'éteindre dans
une noble émulation, et nous ramener tous à
penser que si la vie ne peut comprendre toute la
destinée de l'homme, l'industrie est ce qui peut
l'étendre davantage !

Enim aliquid immensum infinitumque.

FIN.

www.ingramcontent.com/pod-product-compliance
Lightning Source LLC
Chambersburg PA
CBHW071520200326
41519CB00019B/6007